Android

数据库最佳实践

【美】Adam Stroud 著　廖祜秋 译

Android Database Best Practices
（Android Deep Dive）

電子工業出版社
Publishing House of Electronics Industry
北京•BEIJING

内 容 简 介

本书介绍了关系型数据库和 SQLite 相关的理论知识，同时也介绍了在 Android 开发中和数据相关的方方面面，包括数据类型的定义、数据的增删改查、数据的持久化和展示、使用 content provider 共享数据、使用 Intent API 传递数据，以及和远程服务器进行数据交互等。本书的内容从相关 API 的基本使用到最佳实践都有涉猎，对于提升 Android 开发水平，写出更高质量的应用很有帮助。

阅读本书，并不需要对 Android 开发有很多的经验，但是要求读者有一些 Android 开发基础，理解 Android 的基础组件。如果对 Android / Java 的线程模型有一些了解的话，对快速理解内容会很有帮助。

Authorized translation from the English language edition, entitled ANDROID DATABASE BEST PRACTICES, ISBN: 0134437993 by STROUD, ADAM, published by Pearson Education, Inc, Copyright © 2017 Pearson Education, Inc.

All rights reserved. No part of this book may be reproduced or transmitted in any form or by any means, electronic or mechanical, including photocopying, recording or by any information storage retrieval system, without permission from Pearson Education, Inc. CHINESE SIMPLIFIED language edition published by PUBLISHING HOUSE OF ELECTRONICS INDUSTRY CO., LTD, Copyright © 2021.

本书简体中文版专有出版权由 Pearson Education, Inc.培生教育出版集团授予电子工业出版社。未经出版者预先书面许可，不得以任何方式复制或抄袭本书的任何部分。

本书简体中文版贴有 Pearson Education, Inc.培生教育出版集团激光防伪标签，无标签者不得销售。

版权贸易合同登记号　图字：01-2020-6842

图书在版编目（CIP）数据

Android 数据库最佳实践 /（美）亚当·斯特劳德（Adam Stroud）著；廖祐秋译. —北京：电子工业出版社，2021.7

书名原文：Android Database Best Practices (Android Deep Dive)

ISBN 978-7-121-38246-8

Ⅰ. ①A… Ⅱ. ①亚… ②廖… Ⅲ. ①移动终端－应用程序－程序设计 Ⅳ. ①TN929.53

中国版本图书馆 CIP 数据核字（2020）第 020143 号

责任编辑：张春雨
印　　刷：天津千鹤文化传播有限公司
装　　订：天津千鹤文化传播有限公司
出版发行：电子工业出版社
　　　　　北京市海淀区万寿路 173 信箱　　邮编：100036
开　　本：787×980　1/16　印张：14.5　字数：304.4 千字
版　　次：2021 年 7 月第 1 版
印　　次：2021 年 7 月第 1 次印刷
定　　价：79.90 元

凡所购买电子工业出版社图书有缺损问题，请向购买书店调换。若书店售缺，请与本社发行部联系，联系及邮购电话：（010）88254888，88258888。

质量投诉请发邮件至 zlts@phei.com.cn，盗版侵权举报请发邮件至 dbqq@phei.com.cn。

本书咨询联系方式：010-51260888-819，faq@phei.com.cn。

序言

近年来，手机行业呈爆发式增长，手机上的应用百花齐放，也越来越复杂。为了支撑复杂的功能，那些应用会和多个数据源交互，使得高效存取数据的需求与日俱增。

传统的软件系统常用数据库来存储数据。在 Android 系统中也有同样功能的数据库：SQLite。SQLite 能在资源有限的手机系统中，给应用提供强大的数据存储支撑。本书将阐述使用 SQLite 的种种细节，并附有相关的最佳实践。

这本书适合哪些读者

本书需要读者对 Android 开发有一些基础的了解，至少能够理解 Android 的基础组件。如果对 Android / Java 的线程模型有一些了解的话，就能快速理解本书内容。

阅读本书并不需要对关系型数据库有特别的了解，但之前就有了解的话，对内容理解同样会有帮助。

本书的内容结构

本书从讨论关系型数据库的理论开始，顺带讨论了关系模型的发展史。随后，讨论了结构化查询语言（SQL），以及如何使用 SQL 创建数据库、操作数据库和读/写数据。关于 SQL 的讨论只有一小部分是 Android 所特有的，其余大部分都是非 Android 平台所特有的。

接着，本书讨论了 Android 中的数据库 SQLite，介绍了和数据操作相关的 API，以及使用 SQLite 的最佳实践。

在介绍完数据库、SQL 和 SQLite 的基本概念后，本书会分别讨论应用开发者经常遇到的线程交互、访问远程数据和数据显示问题。本书在讨论这些话题时，还会穿插引入一个基于 Content Provider 的数据库层访问的例子。

下面是每个章节的简介。

- 第 1 章，“关系型数据库”介绍了关系数据库模型，以及关系型数据库比其他旧式数据库流行的原因。
- 第 2 章，“SQL 介绍”讨论了如何使用 SQL 进行数据库操作。
- 第 3 章，“SQLite 介绍”详细介绍了 SQLite，以及 SQLite 和其他数据库的区别。
- 第 4 章，“Android 中的 SQLite”介绍了 SQLite 和 Android 相关的更多特性。例如：数据库在系统中是如何存放的；为了调试，如何在系统外进行数据库的访问。
- 第 5 章，“在 Android 中使用数据库”介绍了和数据库交互的 API，以及如何使用这些 API 进行数据读取。
- 第 6 章，“Content Provider”介绍了 Content Provider 作为 Android 数据访问的一种机制在使用时需要注意的细节，以及使用 Content Provider 的一些思考。
- 第 7 章，“数据库和 UI”介绍了如何从本地数据库读取数据并呈现在 UI 界面上。其中会涉及 Android 中线程交互的一些需要注意的点。
- 第 8 章，“使用 Intent 共享数据”讨论了除 Content Provider 外的 Android 应用和 Android 应用间数据共享的方式，特别介绍了 Intent。
- 第 9 章，“网络通信”讨论了实现 App 和远程服务器双向通信的一些方法，以及相关的工具。
- 第 10 章，“Data Binding”讨论了如何使用 Data Binding API 进行数据显示。本章还附有一个使用 Data Binding 显示数据库数据的例子。

关于示例代码

本书包含许多示例代码，以及用来配合说明后续章节内容的示例应用。如果读者可以下载这些代码，进行实际操练，对于理解书中的内容会大有帮助。

代码托管在 GitHub 上，详见链接 1[1]，并使用 Apache 2.0 协议进行开源。

本书约定

本书使用以下约定：

- 代码、变量名等使用等宽字体。
- 对于要强调的代码片段，使用加粗的等宽字体。

> **注**
>
> 表示提示、建议或一般注释。

1 请在封底扫码获取本书提供的附加参考资料，如正文中提及的“链接 1”“链接 2”等，可在“下载资源”中下载“参考资料.PDF”文件查询。

致谢

我一直相信软件研发是一项需要一个团队来完成的竞技赛事，现在我相信著书立说也一样。如果没有团队的支持、团队的指导，以及团队的耐心，我是绝对无法完成本书的。在这里，我要感谢执行编辑 Laura Lewin 和编辑助理 Olivia Basegio。感谢你们付出的无尽的时间和努力。

我还要感谢我的开发编辑 Michael Thurston 和技术编辑 Maija Mednieks、Zigurd Mednieks 及 David Whittaker 帮助我将未完成的、随机的、蜿蜒的想法转化为有针对性和凝聚力的内容。团队的支持使得这一切成为了绝妙的体验，如果没有你们，那么这绝不可能实现。

最后，感谢我美丽的妻子和可爱的女儿们，你们的支持和耐心让我无以言表。

关于作者

本书作者 Adam Stroud 于 2010 年开始从事 Android 开发。他是 Runkeeper、Mustbin 和 Chef Nightly 等创业公司的早期员工。从零开始主导这些团队的 Android 应用开发。

他热爱 Android 和开源，除了写代码，他还写了另外一些 Android 的书籍。他喜欢成为技术社区的一份子，经常在技术社区做分享和演讲。

本书写成时，Adam 开始了新的一次创业，任技术联合创始人，负责 Android 应用的开发。

目录

第 1 章 关系型数据库

关系型数据库是目前几个流行的数据库模型之一，Android 内置的 SQLite 就是关系型数据库。本章会介绍关系型数据库的几个基本概念，对数据库的发展史做简要介绍，讨论数据库的关系模型，以及数据库语言的演变过程。本章是为对关系型数据库不熟悉的读者准备的，如果你对关系型数据库很熟悉，那么可以直接跳到第 3 章，其中会讨论 Android 中 SQLite 的特有特征。

数据库简史

和计算机世界的其他方面一样，现代的数据库也在不停地演变。为了更好地了解现有的 NoSQL 和关系型数据库如何工作，在讨论它们之前，我们非常有必要了解一下它们为什么会发展成今天的样子。本节将简要地介绍数据库的发展史。

> **注**
>
> 本节内容对一些人来说可能有益处，但对另一些人来说可能作用不大。你可以随时跳到下一节，了解 Android 数据库工作的细节。

数据的存储、管理和查询面对的挑战，并非今日才有。早在计算机时代到来之前，人们就面对同样的挑战。我们很容易想到可以把重要的数据写到纸上，然后归类并存放到文件柜中，以备将来需要时使用。每当我看到地下室那个堆满文件的角落时，就不禁会想起用这种方式存储数据的时代。

这种纸质的方式有着明显的局限性，其中最主要的一点是，这种方式的扩展能力有限，无法应对数据量的增长。同时随着数据量的增长，管理和查询数据的时间也会跟着增长。这种纸质的方式也意味着处理和提取数据的过程要大量的手工操作，速度慢还很容易出错，同时还占用了大量的空间。

早期人们尝试将这种过程用机器实现时，采用了一种非常相似的思路。不同的是，数据不是写到纸上的，而是以电子的方式组织和存储的。在典型的电子文件系统中，单个文件会存有相关的多个数据条目。

虽然这种方式与纸质方式相比有很多优势，但也有许多问题。这些文件通常不是集中存储的。这导致了大量的数据冗余，使得数据处理的速度很慢，并且占用了大量的存储空间。另外，因为几乎没有一个通用的系统负责管控这些数据，所以文件格式不兼容的问题也很常见。同时，随着日积月累地使用数据，数据格式的变迁和升级也变得非常困难。

数据库尝试解决非中心化的文件存储问题。和计算机的其他领域相比，它也是相对较新的一个技术领域。这是因为计算机本身也需要数据存储提供足够的性价比，才可以发展到一定阶段。这也是直到 19 世纪 60 年代中期，计算机便宜到私人可以拥有，同时能够提供足够的计算和存储能力，数据库的概念才变得有价值的原因。

最初在数据库中使用的模型不是本章要着重讨论的关系模型，在早期，广泛使用的两个模型是层次模型和网状模型。

层次模型

在层次模型中，数据以树状结构组织。这个模型维护着一个一对多的关系，父记录有多个子记录，子记录最多只有一个父记录。层次模型最初由 IBM 和 Rockwell 在 20 世纪 60 年代共同为阿波罗空间计划开发，该实施方案被命名为 IBM 信息管理系统（简称 IMS）。除了可以提供数据库，IMS 还可以生成报告。这两个功能使得 IMS 成为那个时代的主要软件应用程序之一，同时也奠定了 IBM 在计算机世界中大玩家的地位。直到现在，IMS 仍然是大型机上广泛使用的层次模型数据库系统。

网状模型

网状模型是早期另一个流行的数据库模型。与层次模型不同，网状模型管理的是一个图结构，消除了一对多父/子节点关系的限制。该结构使得模型可以表达更复杂的数据结构和关系。此外，20 世纪 60 年代末期，数据系统语言会议（CODASYL）对网状模型进行了标准化。

关系模型简介

关系型数据库模型的概念由 Edgar Codd 于 1970 年在他的论文“大型共享数据库数据的关系模型”中提出。该论文阐述了当时的数据库模型的一些问题，并介绍了一种有效存储数据的新模型。Codd 详细介绍了关系模型是如何解决当时模型的问题的，并讨论了关系模型需要改进的一些领域。

这篇论文介绍了关系型数据库，改进和演进了关系模型的概念，成为了我们现今使用的关系型数据库。虽然现代数据库系统很少完全遵循 Codd 在其论文中概述的指导方针，但是他们遵循了 Codd 的大部分理念，实现了关系型数据库的绝大多数优势。

关系模型

关系模型用数学概念上的关系，给数据库中存储的数据加上结构。数学概念上的关系，是关系模型的基石。它让关系模型具备了集合论和一阶谓词逻辑的基础。

关系

在关系模型中，概念数据（真实世界的数据和数据之间联系的建模）被映射成关系。关系可以被看作表，表具有行和列。列表示属性，每个行可以被看作表中的一个条目（entry）或元组（tuple）。除了关系和元组，关系模型还要求关系必须要有一个正式的名称。

我们来看一个记录 Android OS 版本的关系的例子。在这个关系中，我们从 Android Dashboard 中取数据的子集来进行建模。我们将这个关系命名为 `os`。

表 1.1 中描述的关系有 `version`、`codename` 和 `api` 这 3 个属性；4 个元组分别对应 Android OS 的 5.1、5.0、4.4、4.3 版本。每个元组都是这个有属性定义的关系的一个条目。

表 1.1 Android os 的关系

version	codename	api
5.1	Lollipop	22
5.0	Lollipop	21
4.4	KitKat	19
4.3	Jelly Bean	18

属性

关系的属性会为每个元组提供数据点。为了描述关系的结构，每个属性被分配一个域，用来表示这个属性可以有怎样的数据值，即用来限定属性的数据类型和数值范围。在前面的例子中，api 属性所属的域数值类型是整数，其实可以更进一步限定为正整数，如有必要，也可定义整数的上限。

在关系模型中，关系的域的概念非常重要。它使得属性的数据有了约束，这在维护数据的完整性和保证关系的属性不被滥用时很有用。在表 1.1 所示的关系中，如果 api 的数据类型是 string，那么这将会使得一些操作变得困难或产生不可预知的结果。比如，给 os 这个关系加入一个元组时，api 这个属性是一个非数据数值类型的值，随后数据查询要求返回 api 的值大于 19 时，结果将是不直观甚至是错误的。

关系的属性的数量，被称为关系的度。表 1.1 所示的关系有 3 个属性，因此，度数是 3。度数分别为 1、2、3 的关系可分别称为一元、二元和三元关系；度数高于 3 的，称为 *n* 元关系。

元组

关系的表格中的行称为元组，元组表示关系的属性所包含的值的数据。元组的数量称为基数。表 1.1 所示的关系包含 4 个元组，故其基数为 4。

关于关系的基数和度数很重要的一点就是波动性水平。关系的度数和结构相关，不应该经常变动。度数变化意味着关系本身发生了变化。反之，关系的基数的变动会非常频繁。每当一个元组被加入到关系中或从中移除时，基数都会变化。在大规模的数据库中，基数时刻都在变化，但度数也许几天都不会有一次变动，或者从不变动。

关系的实质和外延

关系的属性、属性的域及其约束定义了其实质，关系的元组定义了其外延。因为实质和外延分别对应度数和基数，所以关系的实质相对稳定，而关系的外延会随着元组的增添或改动而经常变化。关系的度数是其实质的一个属性，基数是外延的属性。

模式

关系的结构由其模式定义。关系的模式由一系列的属性及其域组成。关系的模式可由像表 1.1 那样的表格推断出来，也可由文本方式表示。表 1.1 中的模式可表示成 `os(version, codename, api)`。

注意，关系的名字在属性列表前，主键会用粗体表示。关于主键，我们将在后续章节继续讨论。

关系的属性

关系模型中的每个关系必须遵循一系列规则。这些规则使得关系可以有效地表示现实世界的数据模型，同时解决旧数据库系统的一些限制。 遵守以下规则的关系称为第一范式。

- 关系名唯一：每个关系必须要有一个唯一的名字来区分。数据库系统也是根据关系的名字来区分各个关系的。
- 属性名唯一：除去关系名唯一，属性名也需要唯一，以便区分。
- 属性取值唯一：在每个元组中，每个属性只能有一个唯一值。在表 1.1 中，每个元组的 `api` 属性只能有一个取值。一个元组的一个属性有多个取值是错误的。
- 属性值符合域约束：如前所述，在每个元组中，每个属性的值需要遵从属性的域约束。每个属性的域定义了属性的值的取舍范围。
- 元组唯一：两个元组可以有部分属性值相同，但关系中不应该有完全相同的元组。
- 属性顺序不重要：各个属性的顺序对元组之间的关系没有影响。因为每个元组是用名字来指向属性的，与属性的顺序无关。如在表 1.1 中，即使 `codename` 和 `api` 这两个属性的顺序交换了，关系的定义仍旧保持不变。
- 元组顺序不重要：元组可被添加到关系中，也可从关系中移除。所以元组的顺序对关系无影响。

关联

大部分数据模型要求模型是相关的，需要包含多个关系。关系模型可以通过在多个关系之间定义关联来实现这一点。键用来定义两个关系之间的关联，它是定义标识关系中每个元组唯一性的一系列属性的集合。键经常用来表示关系间的关联和表达关系模型中复杂的数据模型。

- 超键：超键是唯一定义关系中的每个元组属性的集合。用来定义超键的属性的数量没有限制，所以对于任何一个元组，所有属性的集合就是一个超键。
- 候选键：和超键相似，但是候选键对数量有限制，候选键属性的数量必须满足最大值。在其属性的子集中，不可能再唯一定义元组。所以，候选键是唯一标识关系中的每个元组的最小属性集合。
- 主键：主键是人为选定的一个候选键，它包含候选键的所有属性，同时还具有自身作为主键的“唯一性区别”。每个元组都可以有多个候选键，但只能有一个主键。
- 外键：外键是在一个关系中映射到另一个关系候选键的属性的集合。

外键使得关系之间可以相互关联。这些关联可以分为以下 3 种。

- 一对一：一对一关联将表 A 中的一条数据行映射到表 B 中，同时表 B 中的数据行也只映射回表 A 中的单一数据行。如图 1.1 所示。

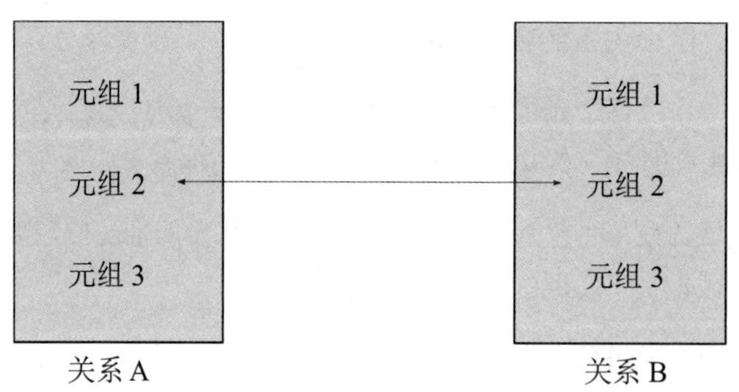

图 1.1　一对一关联

- 一对多：表 A 中的一条数据行，映射到表 B 中的多个数据行，但表 B 中的每个数据行，只能映射回表 A 中的一条数据行。如图 1.2 所示。

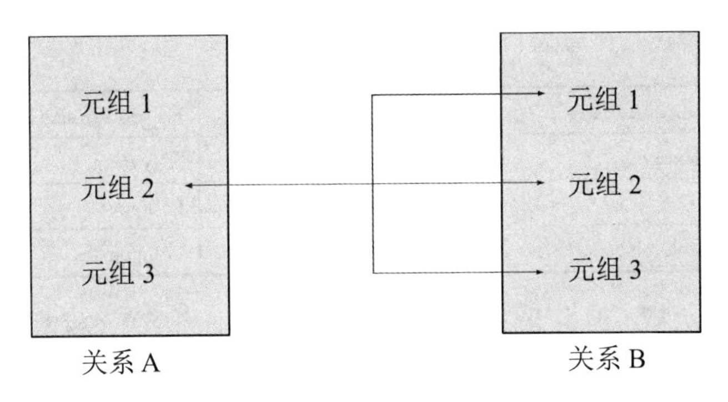

图 1.2　一对多关联

- 多对多：表 A 中的多个数据行，映射到表 B 中的多个数据行，表 B 中的多个数据行也映射到表 A 中的多个数据行。如图 1.3 所示。

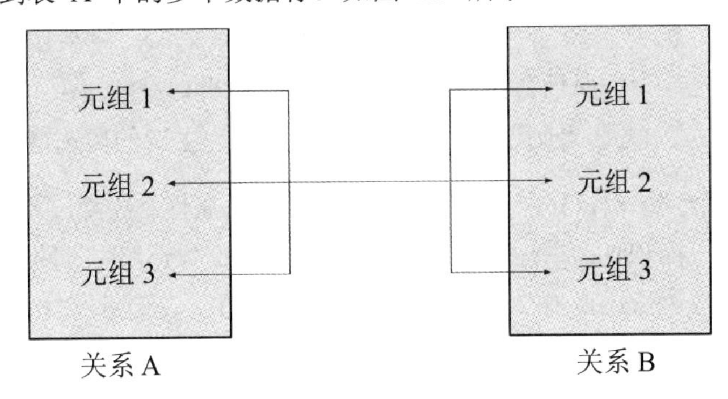

图 1.3　多对多关联

参照完整性

在关系模型中建立关联时，需要保证被引用表的外键能被解析成引用表的元组，这被称作参照完整性。大多数数据库管理系统会强制做到参照完整性，以确保表中不会存在无法被解析的外键。 对关系模型来说，关联的概念具有十分重要的意义，因为它确保关系中的属性具有原子性。例如，现在有个数据模型用于收集包括表 1.1 os 关系以外的其他手机设备信息。关系模式如下。

```
os(version, codename, api)
device(version, manufacturer, osversion, oscodename, os_api)
```

在 device 关系中，已经同时定义了软件和硬件相关的属性。同时，在 os 关系中，又定义了软件相关的属性。添加了一些记录之后，关系表如表 1.2 所示。

表 1.2 **device** 关系

version	**manufacturer**	**os_version**	**os_codename**	**os_api**
Galaxy Nexus	Samsung	4.3	Jelly Bean	18
Nexus 5	LG	5.1	Lollipop	21
Nexus 6	Motorola	5.1	Lollipop	21

虽然看起来并无大碍，但由于它包含了重复的属性而不符合关系模型的规范。具体说就是属性 os_version、os_codename 和 os_api 的值组成的元组重复出现在关系中。此外，这些相同的值已经是表 1.1 中 os 关系的一部分。假如现在 os 关系的一个属性需要更新，那么除了要修改 os 关系，device 关系的所有元组中跟 os 相关的信息也都要更新。重复的数据意味着在数据出现变化时需要执行多次更新操作。

为了解决这个问题使它符合规范。我们可以将 device 关系中的 os_version、os_codename 和 os_api 属性替换成 os 关系的主键，此时 device 关系的元组可以直接引用 os 关系元组。正如之前提到过的，主键就是被选作为主键的候选键。

os 关系中有两个候选键，分别是 version 和 api 属性。注意，因为 codename 属性在元组中并不是唯一标识的，所以它并不是候选键（多个元组共同拥有一个 codename “Lollipop”）。这里用 version 作为 os 关系的主键。现在，我们重写 device 关系并用 os 外键来规范化。修改后的 device 关系如表 1.3 所示。

表 1.3 规范后的 **device** 关系

version	**manufacturer**	**os_version**
Galaxy Nexus	Samsung	4.3
Nexus 5	LG	5.1
Nexus 6	Motorola	5.1

使用更新后的结构，对 os 关系的修改会立即反映在数据库中，因为原本重复的数据已经被替换成直接对 os 关系的引用。此外，device 关系也不会丢失任何有关 os 的信息，因为它可以通过 os_version 属性在 os 关系中查询对应的数据。

关系语言

到目前为止，在关系模型的相关讨论中，我们主要关注的是模型结构。表、属性、元组和域提供了一种格式化数据的方法，充实我们的模型，但同时我们也需要一种用来查询和操作模型的方法。

最常用来操作关系模型的两种语言分别是关系代数和关系演算。关系代数和关系演算虽然不同，但它们是逻辑相等的，对于任何代数表达式，都有一个等价的演算表达式，反之亦然。

关系演算和某些关系代数是高阶操作语言（如 SQL 和 SEQUEL）的基础。虽然用户不会直接去使用关系代数或关系演算来操作数据库（而是用高阶语言），但了解它们有助于我们理解高阶语言的工作原理。

关系代数

关系代数是一门描述数据库该如何执行查询并返回正确结果的语言。因为关系代数用来描述如何执行查询，所以它也是一门过程式语言。

关系代数表达式由运算对象和运算符组成。运算符在不影响运算对象的前提下输出额外的关系。关系代数里的每个关系都是完备的，这也意味着表达式的输入和输出都是关系。同时表达式嵌套也得益于这种完备性，即上个表达式的输出可以作为下个表达式的输入。

关系代数的所有运算都可以被分解成 5 种基本运算符的组合，虽然还有其他运算符，但那些非基本运算符都可以通过基本运算符的组合表达。这 5 个基本运算符分别是选择、投影、笛卡儿积、并集和重命名。

关系代数运算符可以表达单一关系（即一元）或一对关系（即二元）。大多数运算符是二元的，但选择和投影是用来表达单一关系（即一元）的。

除了基本运算符，本节还会讨论交集和连接运算符。

接下来看一个例子，如表 1.4 和 表 1.5 所示。

表 1.4 关系 A

Color
Red
White
Blue

表 1.5 关系 B

Color
Orange
White
Black

并集（A ∪ B）

并集运算符输出一个包含运算关系的所有元组的关系，见表 1.6。因为其输出关系中具有关系 A 和 关系 B 的所有成员，也可以把它看成是“或”运算。

表 1.6 A ∪ B

Color
Red
White
Blue
Orange
Black

交集（A ∩ B）

交集运算符将同时从存在于关系 A 和关系 B 的元组中抽离出来，见表 1.7。

表 1.7 A ∩ B

Color
White

差集（A – B）

差集运算符是找出仅存在于左运算对象而不在右运算对象的元组，见表 1.8。

表 1.8 A – B

Color
Red
Blue

笛卡儿积（A × B）

笛卡儿积就是将关系 A 的元组与所有关系 B 的元组进行组合，见表 1.9，也就是说它输出的关系度数是所有运算关系度数的和，同时它的基数是所有运算关系基数的积。在我们的例子中，关系 A 和关系 B 的度数都是 1，所以它们的输出关系的度数就是 $1 + 1 = 2$。同样，关系 A 和关系 B 的基数都是 3，所以它们的输出关系的基数就是 $3 \times 3 = 9$ 。

表 1.9　A × B

A. Color	B. Color
Red	Orange
Red	White
Red	Black
White	Orange
White	White
White	Black
Blue	Orange
Blue	White
Blue	Black

选择（$\sigma_{predicate}(A)$）

选择运算符就是从运算对象中选出符合指定谓词的元组。与上面的运算符不同的是，选择运算符是一元的，它只作用于单个关系。

在这个例子中，我们将之前的 `os` 关系作为输入，选出 `api` 值大于 19 的所有元组，见表 1.10。

表 1.10　$\sigma_{api>19}$(os)

version	codename	api
5.1	Lollipop	22
5.0	Lollipop	21

投影（$\Pi_{a1,a2,\ldots,an}(A)$）

投影运算符是选出运算对象中仅含有指定属性的所有元组，同时在其输出关系中还会去重。跟选择一样，投影也是一元运算符，仅仅作用于单个关系。例如，我们还是用表1.1中描述的关系作为输入关系，最后的输出就是我们给出的属性 codename 在输入关系中所有的值，见表1.11。

表 1.11 ($\Pi_{codename}$(os))

codename
Lollipop
Kitkat
Jelly Bean

连接

可以把连接和笛卡儿积看成一类操作，但通常并不需要像笛卡儿积那样找出两个关系的所有组合，而是选出其中符合某些标准的内容，所以通常连接运算符更加有用。

自然连接是其中经常被用到的一种，它可以通过某些共同的属性将两个输入关系连接到一起。我们还是拿表 1.1 的 os 关系和表 1.3 的 device 关系作为例子，通过它们两个关系的相同属性 device.os_version 和 os.version 进行连接，结果如表 1.12 所示。

表 1.12 A ⋈ B

device.version	device.manufacturer	os.version	os.codename	os.api
Galaxy Nexus	Samsung	4.3	Jelly Bean	18
Nexus 5	LG	5.1	Lollipop	21
Nexus 6	Motorola	5.1	Lollipop	21

请注意，上面自然连接的结果就是表 1.2 所描述的未规范前的关系。这也表明原本设计冗余的表现可以很容易地通过连接操作符实现。

自然连接是一种使用等号运算符作为算子的特殊 θ-连接，θ-连接运算符可以使用不同算子将两个运算关系组合到一起，在平常使用过程中最经常用到的就是等号算子（也就是自然连接）。

关系演算

关系演算是另一种用来查询和修改关系模型的语言。Codd 在他的论文中引入关系模型时首先给出了元组关系演算的提议。正如前面提到的，关系演算描述的是该如何检索数据。使用关系演算，我们只要描述需要检索什么而无须理会数据库怎么检索数据的细节。也正因为关系演算关注的是描述如何检索，所以它也可以被看成一门声明式语言。

关系演算又分为两种，分别是元组关系演算和域关系演算。接下来，我们将讨论这两种不同的形式。

元组关系演算

在元组关系演算中，我们根据谓词来评估关系中的元组，也仅当表达式的谓词结果为真时才输出对应的元组。通过元组关系演算，我们只需要提出我们想要的，系统就会给出问题的最优解。

依然以表 1.1 中的关系为例，我们接下来要做的事情是“返回 `os` 关系中所有 `codename` 为 Lollipop 的元组”，你应该注意到在上文“关系代数”部分中我们已经用关系代数将其实现了。虽然文本才是人类描述元组关系演算最直接的方式，但是我们经常用更加简短的符号表示这种关系，例如上面的关系可以写成：

{x|os(x) ∧ x.codename = ‘Lollipop’}

这条查询会返回满足指定条件并具有全部属性的元组。当然，我们也可以限制返回元组的属性，例如，下面这条查询只返回所有 `codename` 为 Lollipop 且属性为 `codename` 的元组：

{x.codename|os(x) ∧ x.codename = ‘Lollipop’}

域关系演算

跟元组关系演算不同的是，域关系演算通过属性的域来评估。

数据库语言

关系型数据库的结构和操作存储在数据库里面的数据是同等重要的。在 Codd 于 1970 年发表的论文中，他首先阐述了使用一门基于谓词演算描述关系、属性及域的子语言 ALPHA。

ALPHA

虽然 AlPHA 并未被开发出来，但它却为当今大多数关系型数据库系统语言打下了基础。Codd 从一开始就不打算在其引入关系模型的论文中提供一门完全实现的语言，相反，他只是介绍了这类语言应该包括哪些概念和特性。同时，他认为这门语言只是更高级语言的“概念证明”，即它们应该如何操作关系模型。

Codd 所描述的 ALPHA 特性包括检索、修改、插入，以及删除数据。

在描述这类语言该做什么的同时，Codd 也描述了哪些是它们不该做的。例如，语言的主要目的是与关系模型交互，所以这些语言的语义应该关注的是用什么数据来检索而不是如何去检索。这个重要特性最终被添加到现在的 SQL 中。

ALPHA 被描述成可以与其他更高级“宿主”语言共存的“子语言”。这也暗示着 ALPHA 从一开始就注定不会成为一门完整的语言。例如，ALPHA 故意忽略算术函数这一特性，因为其他高级语言会从 ALPHA 直接调用并实现。

QUEL

QUEL 是一款加州大学伯克利分校基于 Codd 的 ALPHA 开发的数据库语言。它成为了 Ingres DBMS 的一部分且还是早期 Postgres 数据库使用的语言 POSTQUEL 的基础。QUEL 曾经是早期关系型数据库的一部分，但最近已经被 SQL 替代了。

SEQUEL

结构化英语查询语言（SEQUEL）是 SQL 名称的由来，最初由 IBM 开发。但后来由于商标侵权，名称才变成了更短的结构化查询语言（SQL）。SEQUEL 是第一款基于 Codd 的 ALPHA 实现的商业语言。

如本章前面所讨论的，SQLite 是 Android 系统内置的数据库系统。它不仅实现存储交互数据的方法，同时还包含一款 SQL 高级数据库语言的解释器。

总结

关系型数据库提供了一个十分强大的机制来存储和操作数据。

Edgar Codd 于 1970 年提出的关系模型让数据库技术克服了许多之前基于文件模型的限制。关系模型、关系代数和关系演算使得数据库可以查询和操作存储的数据。由于更高级的语言包含定义关系语言（如 QUEL、SEQUEL 和 SQL）的概念，因此开发者可以很方便地借助关系型数据库来提升他们的软件。

我们将在第 2 章开始讲最受欢迎数据库——SQL 的更多细节。

第 2 章 SQL 介绍

结构化查询语言（SQL）是一门用来跟关系型数据库打交道的编程语言，同时也是 SQLite 所使用的语言。可以用它来定义数据库结构、操作数据和查阅数据库的数据。

虽然美国国家标准协会（ANSI）和国际标准组织（ISO）先后对 SQL 进行了规范，但是产商们为了更加适应自己的平台，会频繁对它进行扩展。本章主要关注 SQL 在 Android 系统 SQLite 上的实现，一般而言本章大多数概念与 SQL 相同，但它有些语法可能与其他数据库不同。

本章包含 SQL 的以下 3 个方面。

- 数据定义语言（DDL）
- 数据操作语言（DML）
- 查询

这 3 个方面在数据库管理系统（DBMS）中分别扮演了不同的角色，同时它们各自有不同的命令子集和语言特征。

数据定义语言

数据定义语言（DDL）用来定义数据库的结构，包括创建、修改和删除数据库对象，如表、视图、触发器及索引。整个 DDL 语言为数据库定义了模式，而模式定义了数据库结构的表现形式。

下面就是 DDL 语句的命令。

- `CREATE`：创建一个新的数据库对象

- ALTER：修改现有的数据库对象
- DROP：删除一个数据库对象

以下部分将介绍如何使用 CREATE、ALTER 及 DROP 命令操作不同的数据库对象。

表

如第 1 章中讨论的，表用于在关系型数据库中提供关系。它通过提供表示数据项的行及表示每项属性的列来存储数据库的数据。表 2.1 展示了一张设备信息的示例表。

表 2.1　device 表

model	nickname	display_size_inches
Nexus One	Passion	3.7
Nexus S	Crespo	4.0
Galaxy Nexus	Toro	4.65
Nexus 4	Mako	4.7

SQLite 支持跟表相关的 CREATE、ALTER 和 DROP 命令，它们分别用来创建、变更和删除表。

CREATE TABLE

如图 2.1 所示，CREATE TABLE 语句首先声明将在数据库中创建表的名称，接着通过列名、数据类型、列约束来定义列。约束可以用来限制表中指定属性所能存储的值。

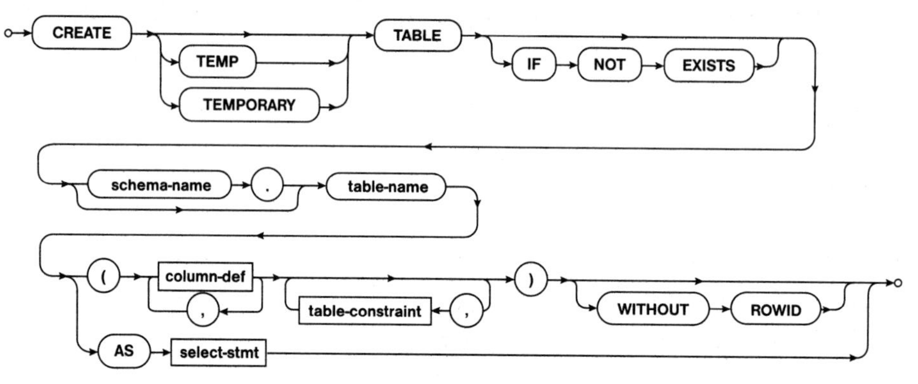

图 2.1　CREATE TABLE 语句

在代码清单 2.1 中，CREATE TABLE 语句创建了一张 device 表，同时它的列名分别为

model、nickname 和 displaysizeinches。

代码清单 2.1　创建 device 表

```
CREATE TABLE device (model TEXT NOT NULL,
                     nickname TEXT,
                     display_size_inches REAL);
```

> **注**
>
> SQL 数据类型将在第 3 章讨论，但这并不妨碍我们看出 TEXT 代表文本，REAL 代表浮点数。

如果代码清单 2.1 中的 SQL 语句能运行且不返回错误，那么所创建的 device 表会有 model、nickname 和 display_size_inches 三列，它们的类型分别是 TEXT、TEXT 和 REAL。同时，通过在 CREATE 语句 model 列名后面添加 NOT NULL 约束，可以确保每行都有非空的 model 名，当试图往表中插入一条 model 列为空的数据时，SQLite 就会抛出错误。

此时，这张表就可以用来存储和检索数据了。但是随着时间的推移，我们为了适应软件变化必须对当前表进行修改。这就需要用到 ALTER TABLE 语句。

ALTER TABLE

ALTER TABLE 语句用来修改现有的表，如添加新的列或重命名表。然而，SQLite 上的 ALTER TABLE 是存在限制的，如图 2.2 所示，我们没有办法重命名或删除列。这意味着一旦添加了一列，它就成为了表的一部分。删除列的唯一方法是先删除整个表，接着重建一张没有该列名的新表，但这么做的同时也把表中的全部数据删除了。如果重建表时想保留数据，那么应用程序需要手动将旧表中的数据复制到新表中。

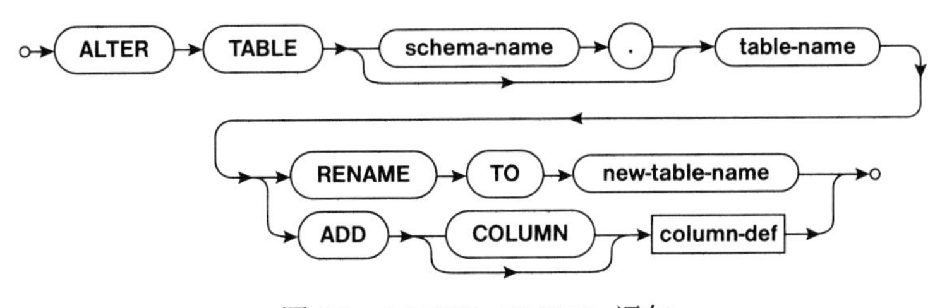

图 2.2　ALTER TABLE 语句

如代码清单 2.2 所示，可以通过 SQL 代码为 device 表添加新列。新的列名为 memory_mb，且为 REAL 类型，用来记录设备的内存量。

代码清单 2.2　device 表添加新列

```
ALTER TABLE device ADD COLUMN memory_mb REAL;
```

DROP TABLE

DROP TABLE 语句是最简单的表操作命令，它把表及其数据从数据库中删除。图 2.3 展示了 DROP TABLE 语句的大概用法。只要用表名，DROP TABLE 语句就可以将它从数据库中移除。

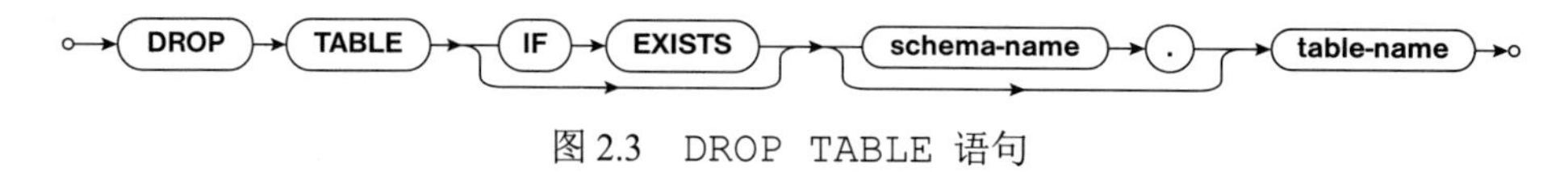

图 2.3　DROP TABLE 语句

代码清单 2.3 中所示的是删除数据库的 device 表的语句。

代码清单 2.3　删除 device 表

```
DROP TABLE deice;
```

使用 DROP TABLE 语句时一定要注意。一旦执行了 DROP TABLE 语句，表中的数据就会被删除，无法撤销。

索引

索引是用来提高查询速度的数据库对象。为了理解索引是什么，我们首先要讨论数据库（这里指 SQLite）是如何检索表中数据的。

假设应用程序想在表 2.1 展示的 device 表中找到指定 model 的设备，则可以执行一条对该表的查询，并传入目标 model 名。但如果没有设置索引，那么 SQLite 就需要一行行比对表中的数据，最终找到符合目标 model 的内容，这种方式也叫全表扫描。随着数据不断增长，全表扫描的用时也会不断增加，因为数据库需要检查的行数在不断增多。这也意味着，对一张拥有 400 万行数据的表做一次全表扫描的用时会大大超过一张仅仅只有 4 行数据的表。

索引通过跟踪附加表的列值提高查询的速度，实现快速扫描从而避免了全表扫描。表 2.2 展示了与 表 2.1 不同版本的 device 表。

注意表 2.2 中多了一个名为 rowid 的新列。如果不是手动禁止的话，SQLite 就会默认自动创建这一列。虽然在逻辑上，应用程序看到的表像表 2.1 所展示的那样，但实际在内存中它却像表 2.2 这样。

表 2.2　带有 rowid 的 device 表

rowid	model	nickname	display_size_inches
1	Nexus One	Passion	3.7
2	Nexus S	Crespo	4.0
3	Galaxy Nexus	Toro	4.65
5	Nexus 4	Mako	4.7

注

通过 SQL 标准查询语句也可以访问到 rowid 列。

rowid 是 SQLite 的特殊列，我们可以通过它来实现索引。表中每行的 rowid 是自增的整数以确保能唯一标识一行。但是注意，表 2.2 中的 rowid 似乎不是连续的，这是因为 rowid 只会在新增行的时候生成而不会在删除后回收重用。在表 2.2 中，rowid 是 4 的行曾经插入过表，但已经被删除了。虽然 rowid 可能不是连续的，但它们依然保持着添加进表时候的顺序。

通过 rowid，SQLite 可以快速找到一行，因为在其内部使用了以 rowid 为键值的 B-树存储行数据。

注

直接使用 rowid 查表也可以避免全表扫描。然而通常不方便使用 rowid，因为在应用程序的业务逻辑中它很少有其他用意。

当为表的一列创建索引后，SQLite 首先会建立一张该列每行的值与 rowid 对应的映射，表 2.3 展示的就是一张 device 表的 model 列的映射。

注意，映射中的 model 名是已排序的，因此 SQLite 可以通过二分查找找到目标 model，接着 SQLite 可以取到对应的 rowid ，并直接在 device 表中使用它进行查找，从而避免一次全表扫描。

表 2.3　对 **model** 的索引

model	**rowid**
Galaxy Nexus	3
Nexus 4	5
Nexus One	1
Nexus S	2

CREATE INDEX

CREATE INDEX 语句需要一个用来定义索引的列名。最简单的索引的定义只有单个需要频繁查询的列。图 2.4 展示了 CREATE INDEX 语句的结构。

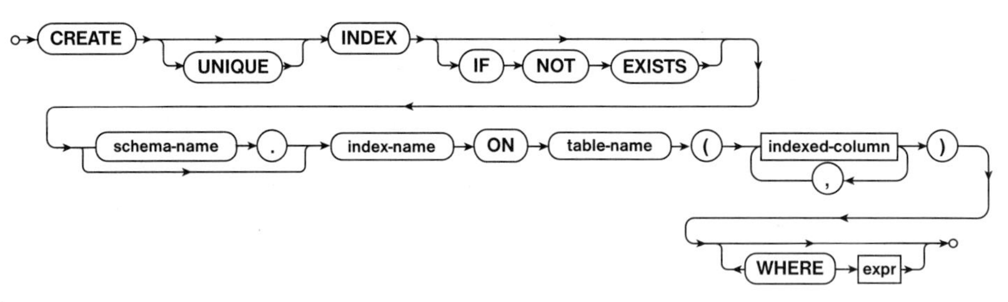

图 2.4　CREATE INDEX 语句

代码清单 2.4 展示了如何为 device 表的 model 列创建索引。

代码清单 2.4　为 **model** 列创建索引

```
CREATE INDEX idx_device_model ON device(model)
```

与表不同，索引在创建后无法更改，因此 ALTER 关键字对索引不起作用。如果想要更改索引，只能先用 DROP INDEX 语句将它删除再通过 CREATE INDEX 语句重建。

DROP INDEX

DROP INDEX 语句如图 2.5 所示，与其他 DROP 语句（如 DROP TABLE）拥有一样的格式，只需要将索引的名称删除。代码清单 2.5 展示了如何删除代码清单 2.4 中创建的索引。

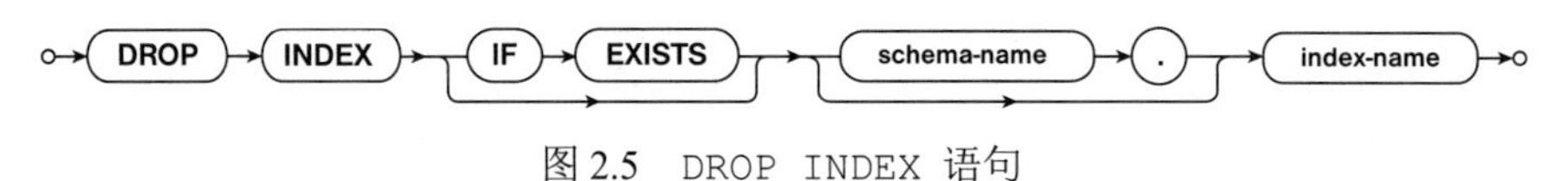

图 2.5　DROP INDEX 语句

代码清单 2.5　删除 model 索引

```
DROP INDEX idx_device_model;
```

视图

可以把视图看成数据库中的虚拟表。跟表一样，也可以对它执行查询并获取结果。然而，与表相反，它在数据库中并不是真实存在的，只保存了生成视图时执行查询返回的结果。表 2.4 展示了简单的视图。

注意，表 2.4 中的视图仅仅包含 device 表的一部分列，即使表添加了更多的列，视图也不会变。

> **注**
>
> SQLite 仅支持只读视图，也就意味着视图仅支持查询，并不支持 DELETE、INSERT 或 UPDATE 操作。

CREATE VIEW

CREATE VIEW 给视图命名的方式与其他 CREATE 语句（ CREATE TABLE、CREATE VIEW）一样，如图 2.6 所示。除了命名，CREATE VIEW 还可以为视图定义具体内容。视图的内容通过 SELECT 语句定义，它返回需要包含在视图中的列及限制视图应该包括哪些行。

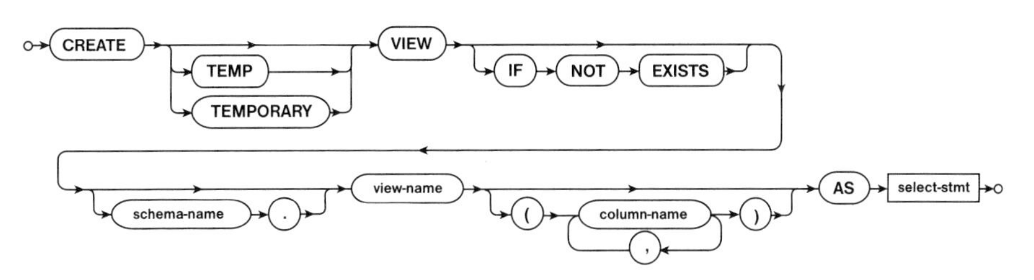

图 2.6　CREATE VIEW 语句

代码清单 2.6 展示了如何通过 SQL 代码为表 2.4 创建视图。代码创建了包含 device 表中 model、nickname 列的 device_name 视图。因为 SELECT 语句中没有 WHERE 子句，所以 device 表的所有行都包含在视图中。

代码清单 2.6　创建 device_name 视图

```
CERATE VIEW deivce_name AS SELECT model, nickname FROM device;
```

> **注**
>
> 本章后面会讲到更多有关 SELECT 语句的细节。

在 SQLite 中，视图是只读的，不支持 DELETE、INSERT 或 UPDATE 操作，也不能通过 ALTER 语句进行修改。跟索引一样，如果想修改视图，那么只能删除再重建。

DROP VIEW

DROP VIEW 跟其他之前讨论过的 DROP 命令的用法差不多，只需要根据被删除视图的名字就可以将它删除。可以参考图 2.7 了解更多有关 DROP VIEW 语句的细节。

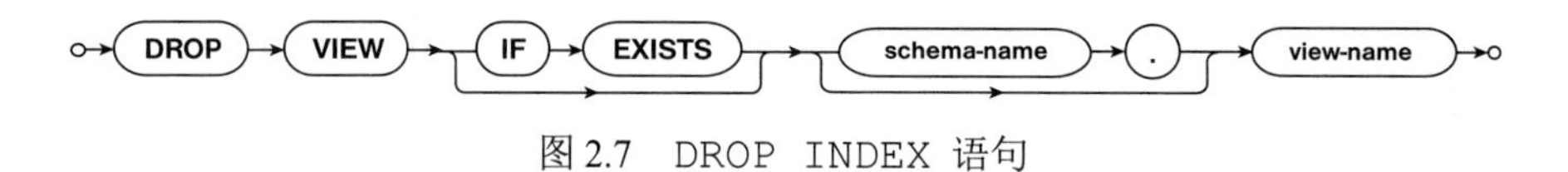

图 2.7　DROP INDEX 语句

代码清单 2.7 中的语句用于删除代码清单 2.6 创建的 device_name 视图。

代码清单 2.7　删除 device_name 视图

```
DROP VIEW device_name;
```

触发器

最后一个可以操作 DDL 的数据库对象就是触发器。触发器提供了一种响应数据库事件的方式。例如，可以创建触发器，在数据库添加或删除行时执行一段 SQL 语句。

CREATE TRIGGER

与之前讨论的 CREATE 语句一样，CREATE TRIGGER 通过所提供的名字为触发器命名。跟在名字后面的是定义触发器何时触发，分为引起触发器执行的操作及触发器与该操作在执行时间上的关系两个部分。例如，触发器与 DELETE、INSERT 或 UPDATE 操作的执行关系可以是 before、after 或 instead of。DELETE、INSERT 和 UPDATE 操作是 SQL DML 的一部分，我们将会在本章后面进行讨论。图 2.8 展示了 CREATE TRIGGER 语句的大概用法。

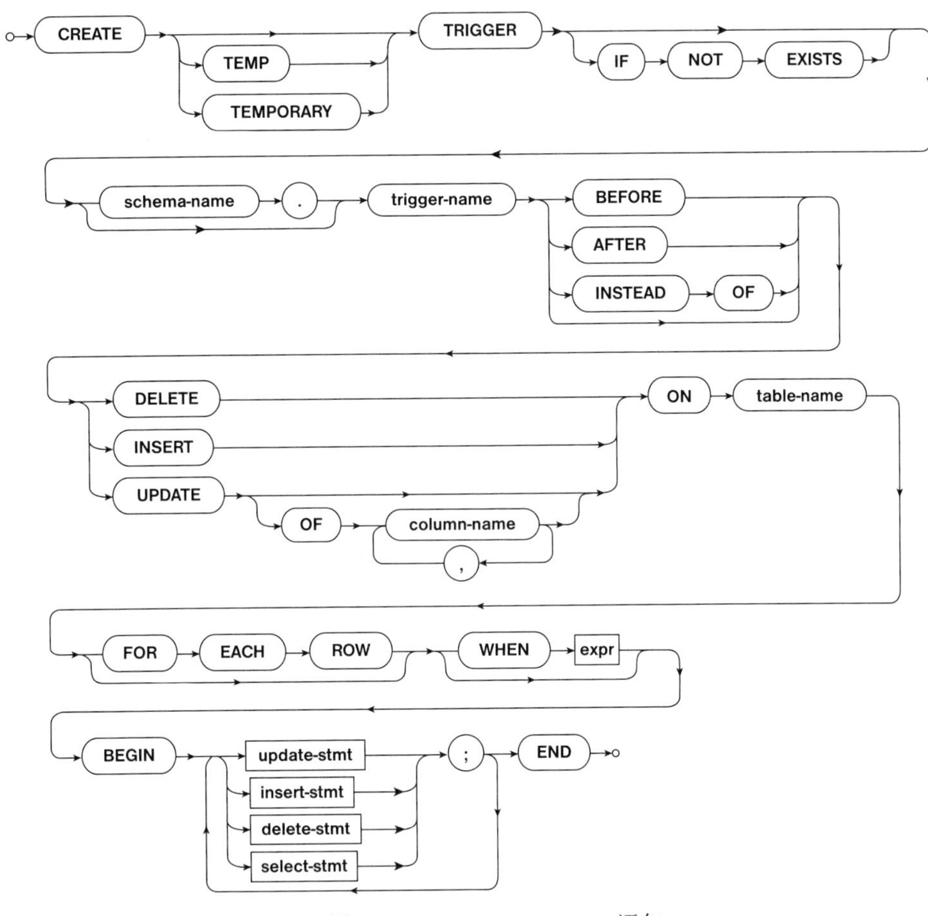

图 2.8 CREATE TRIGGER 语句

代码清单 2.8 展示了如何创建一个触发器，当 device 表新增数据时记录插入时间。

代码清单 2.8 对 device 表创建触发器

```
ALTER TABLE device ADD COLUMN insert_date INTEGER;
CREATE TRIGGER insert_date AFTER INSERT ON device
    BEGIN
        UPDATE device
        SET insert_date = datetime('now');
        WHERE _ROWID_ = NEW._ROWID;
    END;
```

在跟踪数据插入时间之前，必须先为 device 表添加 insertdate 列，即需要在创建触发器之前先执行 ALTER TABLE（只有 insertdate 列存在，触发器才能引用它）。

当执行完 ALTER TABLE 语句后，device 表会包含如表 2.5 所示的值。

表 2.5　添加 insert_date 列

model	nickname	display_size_inches	insert_date
Nexus One	Passion	3.7	<null>
Nexus S	Crespo	4.0	<null>
Galaxy Nexus	Toro	4.65	<null>
Nexus 4	Mako	4.7	<null>

注意，表中 insert_date 列的值全部为空。因为这是表创建后新增的列，而且 ALTER TABLE 没有为现有的行提供默认值。

此时已经创建好触发器了，接下来通过 INSERT 语句为表添加新行：

```
INSERT INTO device (model, nickname, display_size_inches)
    VALUES ("new_model", "new_nickname", 4);
```

表 2.6 显示了这时 device 表中的列。

表 2.6　插入一行

model	nickname	display_size_inches	insert_date
Nexus One	Passion	3.7	<null>
Nexus S	Crespo	4.0	<null>
Galaxy Nexus	Toro	4.65	<null>
Nexus 4	Mako	4.7	<null>
new_model	new_nickname	4	2015-07-13 04:52:20

我们注意到新行有个时间戳，用来表明它是何时插入的。这一列是在 INSERT 语句执行后，insert_date 触发器自动写入的。现在，我们深入触发器细节，探索它是如何工作的。

触发器的第一行只是简单地声明名称，然后指定它会在 device 表执行 INSERT 语句后触发：

```
CREATE TRIGGER insert_date AFTER INSERT ON device
```

触发器的重点是在 BEGIN 和 END 关键字之间：

```
BEGIN
    UPDATE device
    SET insert_date = datetime('now')
```

```
    WHERE _ROWID_ NEW._ROWID_;
END;
```

上面的代码执行 UPDATE 语句，将 insertdate 赋值为当前时间。UPDATE 语句表明需要操作哪张表（device 表）及要设置什么值（给 insertdate 列赋值当前时间）。同时，insert_date 触发器中最有意思的部分是 UPDATE 语句中的 WHERE 子句：

```
WHERE _ROWID_ = NEW._ROWID_;
```

我们在讨论索引时提到，SQLite 数据库会自动添加 rowid 列，rowid 列是可以被访问到的。UPDATE 语句的 WHERE 子句通过 NEW._ROWID_ 获取 rowid。ROWID_是列的特殊名称，可以通过它访问到指定行的 rowid。

只有 WHERE 子句计算为真时，UPDATE 语句才会执行。例如，在 insert_date 触发器中，只有被触发器操作的当前行才会执行。而如果忽略 WHERE 子句，就会导致每行都会执行 UPDATE 语句。

使用 NEW 关键字确保当前行与要插入的行相匹配。在触发器中，NEW 代表当前被更新行的最新列值。类似地，OLD 可以用来访问正在处理行的旧值。

触发器无法修改，如果必须修改，则需要先删除后重建。

DROP TRIGGER

DROP TRIGGER 语句的用法跟本章讲过的 DROP 语句类似。如图 2.9 所示，它需要名称确定被删除的触发器。

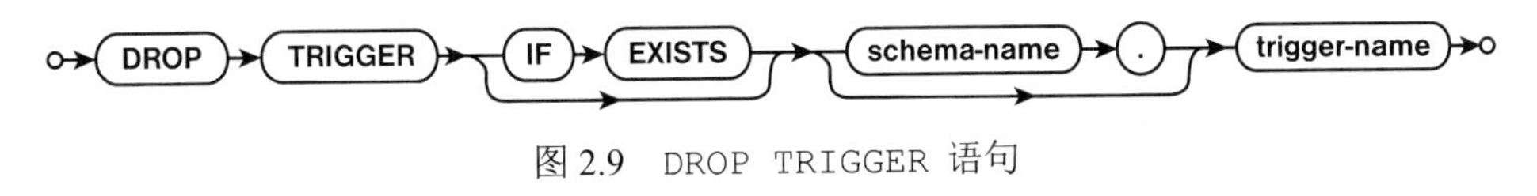

图 2.9　DROP TRIGGER 语句

代码清单 2.9 删除了 insert_date 触发器。

代码清单 2.9　删除 insert_date 触发器

```
DROP TRIGGER insert_date;
```

上面几节大概讲解了 SQLite 所支持的 DDL。DDL 使得为本地数据库定义数据库对象存储数据成为可能。下一节主要讨论操作数据库存储数据的方法。

警告

虽然在 SQL 中，触发器是一个十分有吸引力的特性，但同时要了解它们也有出错的时候。因为数据库自动响应具体行为执行触发器，所以触发器可能会产生异常错误。将触发器添加进数据库后并不总能通过代码察觉到这些异常，这可能导致使用触发器的数据库产生不可预知的结果。所以更多时候，相比较于通过触发器实现，最好是通过更加牢固的应用程序代码实现相同功能。

数据操作语言

数据操作语言（DML）用来读取和修改数据库中的数据，包括插入、更新表。一旦通过 DDL 定义好数据库结构后，便可以用 DML 变更表中的数据。DDL 和 DML 的主要不同点是 DDL 用来定义数据库数据的结构，而 DML 用来操作数据本身。

DML 包含以下 3 种对表的操作。

- `INSERT`：添加新行
- `UPDATE`：修改行的属性值
- `DELETE`：删除行

INSERT

`INSERT` 语句在表中添加新行。可以通过 3 种方式指定往表中插入什么数据，及往哪些列中插入值：使用 `VALUES` 关键字、使用 `SELECT` 语句，还有使用 `DEFAULT` 关键字。图 2.10 展示了 `INSERT` 语句的用法。

VALUES

若使用 `VALUES` 关键字，那么 `INSERT` 语句必须为每行提供具体的值。需要在 `INSERT` 语句中通过两组值分别表示赋值列及所赋的值，同时需要确保列名和值的顺序匹配。

在 `INSERT` 语句中使用 `VALUES` 关键字每次只能插入一行数据，这意味插入多行数据需要多条 `INSERT` 语句。

SELECT

在 INSERT 语句中，使用 SELECT 子句的返回值作为插入值。如果使用这种方式，那么 INSERT 语句就可以实现多行插入。

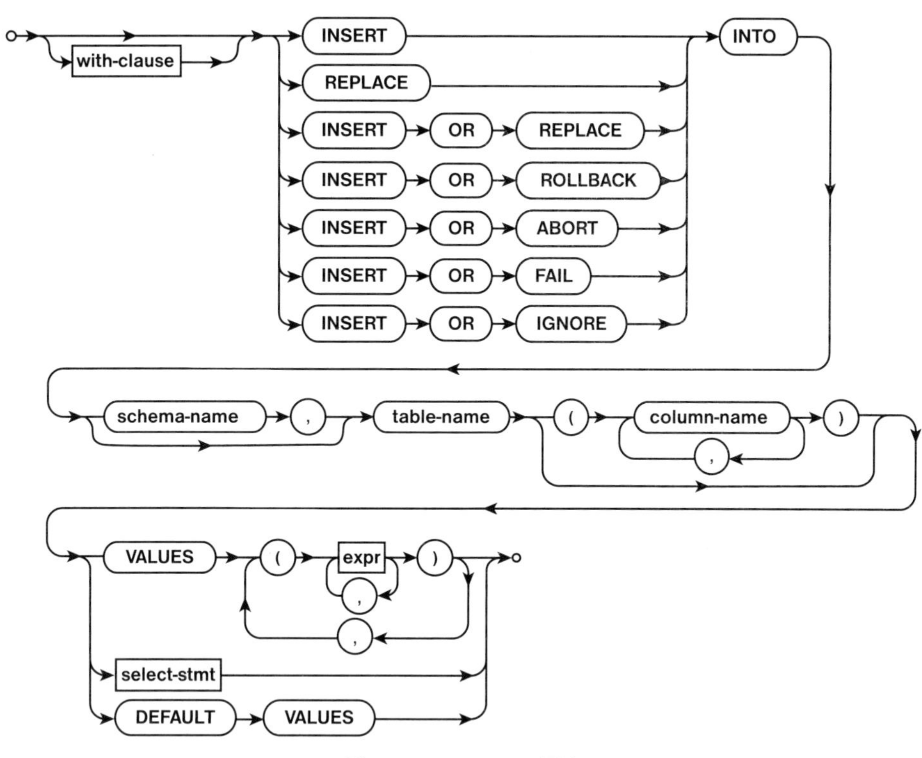

图 2.10 INSERT 语句

DEFAULT

DEFAULT 关键字只能为每列提供默认值。在定义表的时候可以为每列设置默认值。

代码清单 2.10 简单地展示了使用多次 INSERT 语句将 device 表填充成表 2.1。

代码清单 2.10 使用多次 INSERT 语句填充表

```
INSERT INTO device (model, nickname, display_size_inches)
   VALUES ("Nexus One", "Passion", 3.7);
INSERT INTO device (model, nickname, display_size_inches)
   VALUES ("Nexus S", "Crespo", 4.0);
INSERT INTO device (model, nickname, display_size_inches)
```

```
    VALUES ("Galaxy Nexus", "Toro", 4.65);4
INSERT INTO device (model, nickname, display_size_inches)
    VALUES ("Nexus 4", "Mako" 4.7);
```

当数据已经插入表后，可以通过 UPDATE 语句修改它们。

UPDATE

UPDATE 语句用来修改表中现有的数据。和 INSERT 语句一样，需要给出表名、受影响列及受影响列的新值，同时可以通过 WHERE 子句限制具体受影响的行。如果 UPDATE 语句中没有 WHERE 子句，就会修改表中的所有行。图 2.11 展示了 UPDATE 语句的用法。

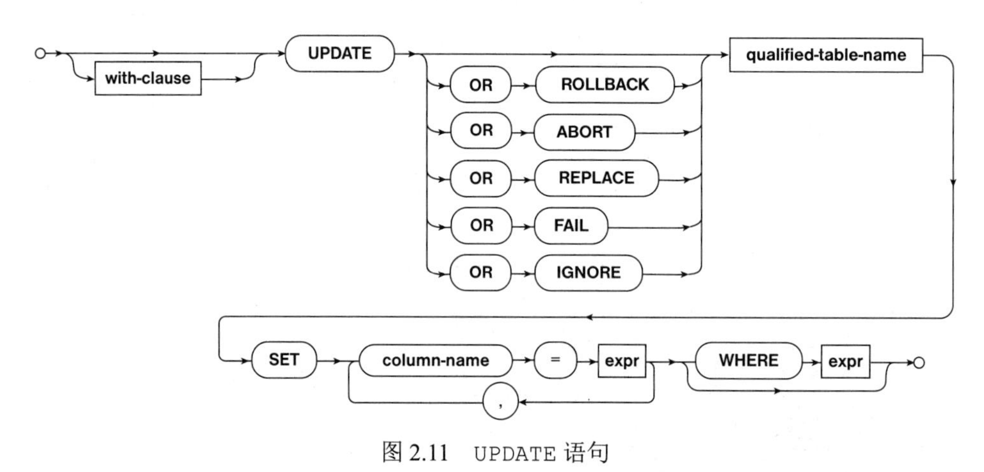

图 2.11　UPDATE 语句

代码清单 2.11 展示了一个通过 UPDATE 语句修改表中所有行的简单例子，它会把表中所有行的 model 列值改成 “Nexus”。

代码清单 2.11　通过 UPDATE 语句修改所有行

```
UPDATE device SET model = "Nexus";
```

在代码清单 2.12 中，通过使用 WHERE 子句仅更新表中的具体行，就可以将所有 device_size_inches 属性值大于 4 的行的 model 属性值改成 “Nexus 4”。

代码清单 2.12　在 UPDATE 语句中使用 WHERE 子句

```
UPDATE device SET model = "Nexus 4" WHERE device_size_inches > 4;
```

DELETE

如图 2.12 所示，DELETE 语句用来删除表中的行。类似 UPDATE 语句，可以通过 WHERE 子句删除具体行。如果不使用 WHERE 子句，则 DELETE 语句就会将表中的所有行删除，但表还在，只是变成空表。

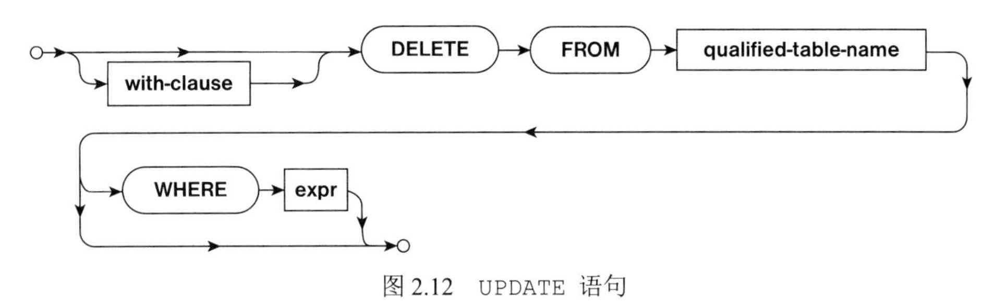

图 2.12　UPDATE 语句

代码清单 2.13 展示了使用 DELETE 语句删除 device 表中 disp_lays_izeinches 大于 4 的行。

代码清单 2.13　通过 DELETE 删除行

```
DELETE FROM device WHERE display_size_inches > 4;
```

我们已经讨论完 DDL 和 DML，是时候开始看 SQL 中允许查询数据库的部分了。它是通过 SELETE 语句做到的。

查询

除了定义数据库结构和操作数据，SQL 也提供了一种读取数据的方法。多数情况下是通过 SELECT 语句查询数据库做到的。执行数据库查询需要大量依赖第 1 章讨论的关系代数和关系演算概念。

图 2.13 展示了 SQL 中 SELECT 语句的结构。

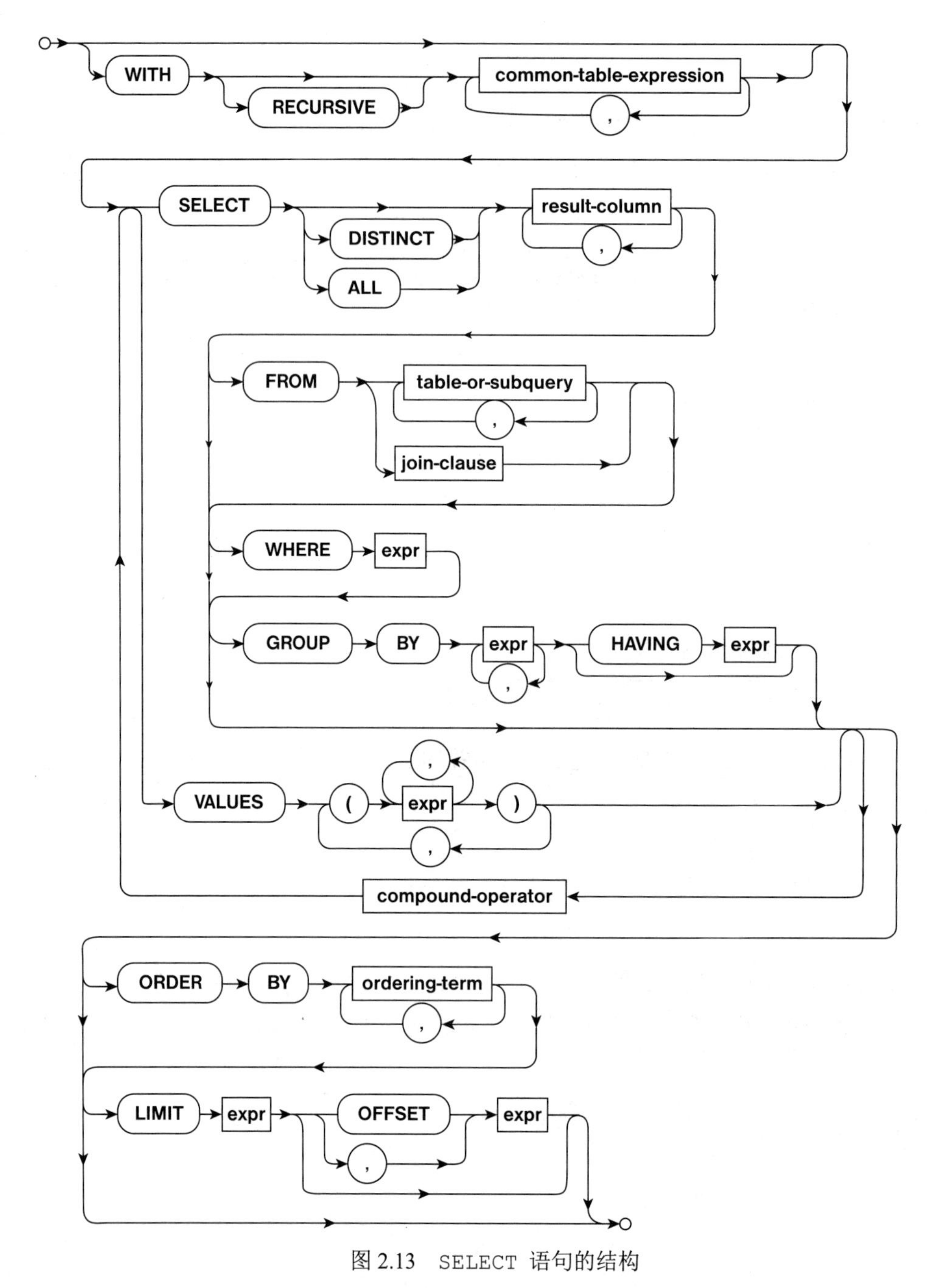

图 2.13　SELECT 语句的结构

正如图 2.13 所示，SELECT 可以变得相当复杂。在多数情况下，语句最先是 SELECT 关键字，接着是查询的投影。根据第 1 章可知，投影就是表中全部列的子集。对于 SELECT 语句，投影就是表中需要返回的列。投影可以列出所有目标列或使用 * 表示表中所有列。

列出特定列后，SELECT 语句必须使用 FROM 子句表明从哪里流入数据。代码清单 2.14 包含两条对 device 表的查询。第一条查询使用 * 字符表明返回表的所有列，而第二条查询列出 device 表中需要返回列的子集。

代码清单 2.14　SELECT 语句

```
SELECT * FROM device;
SELECT model, nickname FROM device;
```

代码清单 2.14 的查询会返回表的全部行。为了将查询限制到特定行，可以在 SELECT 语句中加入 WHERE 子句。

WHERE 描述查询应该返回哪些行。SELECT 语句的 WHERE 子句用法跟 UPDATE 或 DELECT 语句的一样。代码清单 2.15 展示了使用一条返回包含所有列但属性 display*size*inches 值大于 4 的行的 SELECT 语句。

代码清单 2.15　在 SELECT 语句中使用 WHERE 子句

```
SELECT * FROM device WHERE display_size_inches > 4;
```

ORDER BY

代码清单 2.15 中返回的行保持了原来的排序。我们可以使用 ORDER BY 子句对查询结果进行排序。举个最简单的例子，为 ORDER BY 指定特定列名表示结果集通过该列的值进行排序。

代码清单 2.16 展示的查询会用 model 列值对结果集进行排序。最终结果如表 2.7 所示。

表 2.7　根据 model 值按字母顺序排序

model	nickname	display_size_inches
Galaxy Nexus	Toro	4.65
Nexus One	Mako	4.7
Nexus One	Passion	3.7
Nexus S	Crespo	4

代码清单 2.16　通过 ORDER BY 排序

```
SELECT * FROM device ORDER BY model;
```

注意，现在的结果集是按 model 值的字母顺序进行排序的。

除了可以对结果集排序，还可以在 ORDER BY 子句后通过 ASC 或 DESC 关键字控制排序。ASC 和 DESC 用来控制 ORDER BY 如何对结果集排序（升序还是降序）。代码清单 2.16 中使用的是升序，因为如果没有明确指定 ASC 或 DESC 的话，就会默认使用升序。如果使用 DESC，那么结果如表 2.8 所示。

表 2.8　根据 model 值按字母降序排序

model	nickname	display_size_inches
Nexus S	Crespo	4
Nexus One	Passion	3.7
Nexus 4	Mako	4.7
Galaxy Nexus	Toro	4.65

连接

连接使得一条查询可以把多个表的数据整合到一起。在多数情况下，数据库表是包含关系数据的。相比把重复的数据放到一张表中，更好的办法是创建多张表并允许表之间互相引用。如果使用这种结构，就可以通过 JOIN 关键字把两张表的数据拼接成单个结果集。

举个例子，我们先扩展本章讨论的数据库。目前已经有 device 表用来记录不同手机设备的属性，假设现在需要记录各个设备的生产商，包括原名和缩写，那么我们可以修改 device 表多添加两列记录这些数据。然而，因为一个生产商会有多个设备，所以这么做会导致 device 表中出现重复的出产商。表 2.9 展示的就是问题所在。

表 2.9　重复的生产商信息

model	nickname	display_size_inches	manuf_short_name	manuf_long_name
Nexus One	Passion	3.7	HTC	HTC Corporation
Nexus S	Crespo	4.0	Samsung	Samsung Electronics
Galaxy Nexus	Toro	4.65	Samsung	Samsung Electronics
Nexus 4	Mako	4.7	LG	LG Electronics

在表中，Nexus S 和 Galaxy Nexus 这两款设备的生产商是同一个，所以它们有相同的 manuf_shor_tname 和 manuf_long_name 属性。问题是当需要修改数据库公司名时，应

用程序需要搜索所有的生产商后才能更新表。再者，如果以后还需要记录其他有关生产商的信息，那么 device 表必须多添加一列，同时表中的每行都需要更新来为新列填充数据。这种数据库的伸缩性不强，效率也不高。

更好的方式是把生产商信息放到第二张表，然后令 device 表的每一行引用到 manufacturer 表的某行。代码清单 2.17 展示了使用 SQL 创建包含 short_name、long_name 及自增 id 列的 manufacturer 表。

代码清单 2.17　创建 manufacturer 表

```
CREATE TABLE manufacturer (id INTEGER PRIMARY KEY AUTOINCREMENT,
                   short_name TEXT
                   long_name TEXT);
```

代码清单 2.17 看起来跟之前的 CREATE 语句一样，但多了 id 列。在代码清单 2.17 中，id 列被声明为 INTEGER 并且是表的主键。这意味着 id 列必须唯一标识一行，另外，AUTOINCREMENT 关键字用在整型列表示它会在新增行时自增。

运行完代码清单 2.18 后，manufacturer 表的数据如表 2.10 所示。

代码清单 2.18　插入生产商数据

```
INSERT INTO  manufacturer (short_name, long_name)
    VALUE ("HTC", "HTC Corporation");
INSERT INTO manufacturer (short_name, long_name)
    VALUE ("Samsung", "Samsung Electronics");
INSERT INTO manufacturer (short_name, long_name)
    VALUE ("LG", "LG Electronics")
```

表 2.10　manufacturer 表

id	short_name	long_name
1	HTC	HTC Corporation
2	Samsung	Samsung Electronics
3	LG	LG Electronics

为了让表连接到一起，device 表需要有一列表示对 manufacturer 表的引用。

代码清单 2.19 展示了通过 ALTER TABLE 语句添加新列并使用 UPDATE TABLE 语句更新 device 表。

代码清单 2.19　为 device 表添加对 manufacturer 表的引用

```
ALTER TABLE device
    ADD COLUMN manufacturer_id INTEGER REFERENCES manufacturer(id);
UPDATE device SET manufacturer_id = 1 where model = "Nexus One";
UPDATE device SET manufacturer_id = 2
WHERE model IN ("Nexus S", "Galaxy Nexus");
UPDATE device SET manufacturer_id = 3 WHERE model = "Nexus 4";
```

代码清单 2.19 运行完后， device 表数据如表 2.11 所示。

表 2.11　device 表

model	nickname	display_size_inches	manufacturer_id
Nexus One	Passion	3.7	1
Nexus S	Crespo	4.0	2
Galaxy Nexus	Toro	4.65	2
Nexus 4	Mako	4.7	3

现在，device 表中每一行都通过 manufacturer_id 引用了 manufacturer 表中的一行。

两个表都已经创建并填充完毕，可以在 SELECT 语句中加入 JOIN 将它们连接到一起。代码清单 2.20 展示了通过 SELECT 语句把两个表的数据连接到一起的过程。

代码清单 2.20　通过 JOIN 连接表

```
SELECT model, nickname, display_size_inches, short_name, long_name
FROM device
JOIN manufacturer
ON (device.manufacturer_id = manufacturer.id)
```

在代码清单 2.20 中，SELECT 语句返回的所有行都带有来自 device 和 manufacturer 表的数据。SELETE 中的 WHERE 子句就是发生连接的地方。下方代码片段表示 device 表和 manufacturer 表根据 device 表的 manufacturer_id 与 manufacturer 表的 id 的相等关系连接。

```
FROM device JOIN manufacturer ON (device.manufacturer_id = manufacturer.id)
```

如代码清单 2.20 所示，SELECT 语句将两个不同的表连接成单个结果集，就像之前把它们放到单张表中一样。

总结

SQL 包含不同类型的操作数据库的语句。数据定义语言（DDL）通过 SQL 命令操作各种数据库对象，如表、视图、触发器和索引来定义数据库的模式。这些命令包括 `CREATE`、`ALTER` 和 `DROP`。

数据操作语言（DML）拥有数据交互的语言特性。它们分别是 `INSERT`、`UPDATE` 和 `DELETE` 语句。

一旦定义好数据库并填充数据后，就可以通过 `SELECT` 语句查询数据库。一条查询定义了表中哪些列应该作为结果返回，以及从数据库选择哪些行放到结果集中。

第 3 章将会介绍更多 Android 系统的 SQL 数据库实现及 SQLite 的细节。

第 3 章 SQLite 介绍

前两章介绍了 SQL 的基础和关系型数据库。SQLite 是 Android SDK 中的一个关系型数据库，用于存取 App 的内部数据。SQLite 在像在手机这样资源受限的环境中，是一个理想的选择。

本章将讨论和其他数据库相比 SQLite 的特性，以及它的一些使用限制。

SQLite 的特性

和其他大型数据库系统（MySQL，PostgresSQL 等）不一样，SQLite 不需要 CS 架构。与此相反，SQLite 是无服务器端和自包含的。它独立地运行在一个进程中，这对手机这个运行环境来说是非常理想的。所有 SQLite 的功能使用都通过 Android 框架中的类库来进行。

SQLite 的每个进程都使用单个文件来存储数据库的内容（当然，在实现事务的时候会使用到一些临时文件，这个我们在后续章节中会讨论到），这使得 SQLite 的数据存储非常简便。

因为数据库文件的格式是和系统无关的，所以可以跨环境读写。我们可以将设备上的数据库文件复制到开发机上，查看数据库中的内容。这对开发者来说是非常方便的。另外，App 也可包含一个数据库文件，用来在 App 安装和初始化时做数据库的初始化工作。

SQLite 的特征

尽管 SQLite 非常轻量，但是它同样具有一系列大型数据库才有的特性。虽然 SQLite 并不具备作为一个更加健壮的系统需要的全部特性，但是它提供了足够多的特性用来支撑 App

研发中会遇到的绝大多数场景。基于 SQLite，我们可用 DDL 给数据创建表和视图，用主键和外键给表添加约束。在一些大型数据库中才有的特性，比如支持外键的级联的删除和更新，原子事务和多线程支持，SQLite 都是支持的。

SQLite 和其他数据库的区别在于它有部分功能没实现，以及它实现数据类型的方式不同。在 SQLite 中，数据类型更为灵活。另外，SQLite 对 JOIN 和 ALTER TABLE 的支持有限。

外键支持

为确保数据的完整性，SQLite 支持跨表的外键约束。使用外键约束可保证 UPDATE 和 DELETE 操作跨表完成。比如，当一条记录从父表中删除后，SQLite 能保证相关的数据也从其他表中删除。虽然这些也可用代码或者触发器来完成，但使用外键和 CASCADE 操作符会更加清晰。

外键的支持是在 SQLite 3.6.19 中加入的，而在 Android 2.2 之前，SQLite 的版本是 3.5.9，并无外键支持。所以在这些版本中，数据库的完整性维护需要用触发器或者代码来实现。

可以使用 adb 来查看 SQLite 的版本信息：

```
adb -s <device_id> shell sqlite3 -version
```

虽然 adb 命令并不在 App 的代码中使用，但它可用来确定设备或者模拟器上的 SQLite 的版本。关于 adb 的更多细节，将在第 4 章中详述。

全文索引

SQLite 支持全文索引（FTS），App 可以在数据库的所有行中查找指定文本。为了启用全文检索，需要选用一个 FTS 模块来创建一个虚拟表。FTS 模块用来创建具有内置全文索引的虚拟表，使用全文索引可以在数据库表中高效地搜索文本。使用 SQL 创建支持全文索引虚拟表的代码如代码清单 3.1 所示。

代码清单 3.1　创建 FTS 表

```
CREATE VIRTUAL TABLE person USING fts4(first_name, middle_name, last_name);
```

在代码清单 3.1 中，创建了一个支持全文索引的表 person，这个表包含 3 列：firstname、middlename 和 last_name。

虚拟表创建之后，可像其他的数据库表一样，进行增、删、改、查等操作。

在启用全文索引时，必须选用 FTS3 或 FTS4 模块（FTS1 和 FTS2 已经不建议使用）。FTS3 和 FTS4 大致相似。相比 FTS3，FTS4 使用了 shadow 表，占用了更多空间，但性能上更优。

如不考虑空间，在一般情况下，建议使用 FTS4。但注意，FTS4 在 SQLite 3.7.4 之后才引入，也就是说，只有在 Android 3.0 之后才支持。

原子事务

SQLite 可用两种方式支持原子事务：日志模式和预写日志（write-ahead-log，简称 WAL）模式。这两种模式都是通过除主数据库文件之外，以另写一个文件的方式来实现对原子事务的支持。

日志模式

在这种模式下开始执行一个事务时，SQLite 先把当前数据库的内容写到另外一个日志文件中，然后把事务执行的操作更新到当前数据库文件中。如果事务需要回滚，那么日志文件中的内容会回放到当前的数据库文件中。回放完成后，数据库恢复到先前的状态。如果事务需要提交，那么把日志文件移除即可。

这个日志文件和主数据库文件在同一个文件夹下，多一个 `-journal` 后缀。

预写日志（WAL）模式

在预写日志模式下，SQLite 也使用一个额外的文件（WAL 文件）来实现事务，不过这个文件的作用变了。在预写日志模式下，事务的变更先被写到 WAL 文件，主数据库文件保持不变。提交事务时，提交记录也写到 WAL 文件。这就是说，在预写日志模式下执行事务，写操作发生在 WAL 文件中，主数据库仍然可读。因为读/写分离，所以在性能上，尤其是在读操作多的时候，WAL 模式在性能上会更优一些。

在一定的时候，WAL 文件需要加入到主数据库文件中，我们称这个时间点为 checkpoint。在默认的配置下，当 WAL 文件达到一定大小时，就会合并。App 是不需要干预这个合并的操作的。

使用 WAL 模式，对性能的影响是每个开发者都需要清楚的，尤其是在数据量大的情况下。WAL 模式是一把双刃剑，但大部分的弊端因 SQLite 使用场景只限定于 Android 系统而被规避，如：开启 WAL 模式的数据库只可从本机的进程访问。对于大型的数据库系统来说，这是一个不得不考虑的点。幸运的是，在 Android 中，几乎所有对 SQLite 数据库的访问都是在同一个进程中的；另外，这些应用并不直接对 SQLite 进行访问，而是基于 Android SDK 的 API 进行。这一层访问封装，也将 WAL 的不利之处做了处理。因为在处理事务时，读/写可并行，所以在大部分的场景下，使用 WAL 模式可提高数据库的速度。但在读特别多，写特别少的场景下，WAL 模式反而会更慢。另外，使用 WAL 模式在 checkpoint 时会有额外的合并操作。

多线程支持

SQLite 支持多种线程模式：单线程，多线程及序列化。

在单线程模式中，内部的所有互斥量都被禁用了，这时 SQLite 是线程不安全的。在单线程模式下，应用程序要控制好对数据库的访问，确保数据不会被损坏。

在多线程模式中，只要同一个连接不在多个线程中并行访问，SQLite 就是线程安全的。

序列化模式是 SQLite 的默认线程模式，在这个模式中，所有对 SQLite 的访问都是线程安全的。

需要注意的非常重要的一点是：Android SDK 对 SQLite 的访问提供了额外的线程安全支持。特别是只要使用同一个 `SQLiteDatabase` 的实例对数据库进行访问，所有对数据库的访问就都是线程安全的。

SQLite 的不足

SQL 用于关系型数据库，它的所有特性并不是在所有数据库系统上都全面支持的，在 SQLite 上也一样。为了保证轻量，SQLite 对 SQL 的一些特性并不支持。

接下来阐述 SQLite 的一些限制。

有限的连接支持

SQLite 支持连接，但只支持右连接和全连接，不支持左连接。这个限制有很好的解决方案，不过在设计数据库表和写查询语句时，要记住这一点。

视图只读

视图能非常方便地持续呈现数据库中存储的数据。SQLite 支持视图，但视图是只读的，INSERT、UPDATE 和 DELETE 等操作无法用来更新视图。不过，可以给视图加触发器，在 INSERT、UPDATE 或 DELETE 时用来操纵数据。

有限的 **ALTER TABLE** 支持

SQLite 对表结构的变更，仅支持重命名表和增加列，不支持减少列、修改列的数据类型和添加约束。

如果要修改一个列的数据类型或者添加约束，就新加一个列，然后从旧的列迁移数据，完成之后，忽略旧的列即可。

SQLite 数据类型

和大部分的其他数据库不一样，SQLite 并没有严格的数据类型。在大部分的其他数据库系统中，列定义了存储的数据的类型。但在 SQLite 中，数据类型更像是数据本身的一个属性而不是列定义中所声明的数据类型。在定义列时，可以提示这个列包含的数据的类型，但数据库只从真实的数据确定类型。

存储类型

除了有更多的数据类型，SQLite 数据存储模型也和其他的数据库系统有些细微的差别。SQLite 使用数据存储类型，而不是对相似的数据类型采用多个不同的数据类型。比如在其他的数据库系统中，也许会用 SMALLINT、INTEGER 或 BIGINT 来表示不同的整数类型，但 SQLite 只用一个 INTEGER 存储类型来表示。在数据实际存储到文件中时，根据数据实际的数值大小，选用不同的数据类型。与此同时，在应用程序级别可以忽略具体的类型信息，因为在读取数据时，SQLite 总是返回 INTEGER 存储类型。

SQLite 的数据存储类型更加宽泛，这使得它在数据类型的处理上更加灵活。话虽如此，开发者实际可以把能想起来的其他数据库类型，按照旧有的方式直接使用。下面是 SQLite 支持的存储类型。

- INTEGER：整数值。实际存储到文件中时，分别占 1、2、3、4、5 或 8 个字节。

- REAL：浮点数类型。所有的浮点数都被存储成 8 位的 IEEE 浮点数。
- TEXT：用于存储字符串，编码为数据库编码。
- BLOB：用于存储二进制数据。在数据库文件中存储的数据和 SQL 中传入的数据一样。
- NULL：用于存储空值。

类型亲缘性

SQLite 对列数据的存储基于实际的数据而非列定义的数据类型，在 CREATE 语句中定义列时加上数据类型，建议该列包含何种数据类型。这就是所谓的类型亲缘性。因为 SQLite 类型是动态确定的，任何数据都可被存储在任意列中。这和这个列声明时的数据类型无关，和这个列之前所含的数据是何种类型也无关。下面是 SQLite 支持的列亲缘性的数据类型的列表。

- TEXT
- NUMERIC
- INTEGER
- REAL
- BLOB

为了使 SQLite 的数据类型系统可兼容 SQL 语法，当使用 CREATE TABLE 创建时，可使用更多其他数据库系统的数据类型。如代码清单 3.2 所示，即使用了不是亲缘性类型列表中的其他数据类型，SQL 也是有效的。

代码清单 3.2　使用标准 SQL 数据类型

```
CREATE TABLE person (firstname VARCHAR(255),
                     age INT,
                     heightin_feet DOUBLE);
```

在代码清单 3.2 中，有一些数据类型在 SQLite 中并无定义。SQLite 使用类型亲缘性分配给相近的存储类型。在这个示例中，INT 的 INTEGER 有亲缘性，VARCHAR 的 TEXT 有亲缘性，DOUBLE 的 REAL 有亲缘性。这样就使得在其他数据库系统中使用的建表语句可以在 SQLite 中使用，能够适应于 SQLite 的动态类型系统。

总结

SQLite 小巧却又实现了许多大型数据库才有的特性。Lite 这个单词，指的是其体积的小巧而非功能的缺失。这使得 SQLite 非常适合使用在移动设备上，这也是 Android SDK 包含 SQLite 的原因。

SQLite 提供了诸多特性，如外键支持、全文索引、多线程访问支持和原子事务，使得其可满足绝大多数 Android App 的需要。对那些 SQLite 才有的特性，如动态数据类型、有限的连接操作支持和只读视图，熟悉和适应起来也许需要一些时间。这些限制也使得选用 SQLite 作为数据库进行开发和选用其他更加健壮的数据库相比，多了一些挑战。

下一章将进一步阐述在 Android 平台上使用 SQLite 的细节。

第 4 章 Android 中的 SQLite

前面几章探讨了数据库的大致用法及 SQLite 的工作原理，在和数据库打交道的大部分场景下，这些知识都非常有用。

本章将着重介绍 SQLite 在 Android 中的使用，包括和数据库交互所需的工具，以及在 Android 中使用数据库所涉及的 API。

移动设备上的数据持久化

数据持久化在 Android 中有很多实现方式。对于那些高度结构化且要被高效访问的数据，用 SQLite 是个不错的方案。SQLite 很轻量，同时还提供使用 SQL 语句快速访问数据的能力。

在 Android 中，还可以用文件或 Preference 等方式来持久化数据。这些方式也许方便一些，但却不具有关系型数据库和 SQL 所具有的能力。尤其是在处理大一些的数据集时，在 App 中引入并使用 SQLite，虽然增加了一些复杂性，但是非常值得。

Android 中的数据库 API

在 Android SDK 中有许多类，给应用业务代码和操作 SQLite 的具体细节之间，提供了一层抽象。这些类在名为 `android.database.sqlite` 的包中。其中，最基础的两个是 `SQLiteOpenHelper` 和 `SQLiteDatabase` 这两个类，它们提供了在 Android 中对数据库进行低级访问所需的 Jave API。

SQLiteOpenHelper

SQLiteOpenHelper 用来管理一个进程对应的 SQLite 数据库文件。第 3 章提到，SQLite 把整个数据库存放在一个文件中。SQLiteOpenHelper 负责创建或升级数据库，管理到数据库的连接，它是在 Android 中访问 SQLite 数据库的主入口。

通过 SQLiteOpenHelper 无法直接使用 SQL 操作数据库，它提供了获取 SQLiteDatabase 实例的方法。SQLiteDatabase 支持用 SQL 和数据库进行交互。

因为SQLiteOpenHelper 是一个抽象类，应用必须实现 SQLiteOpenHelper.onCreate()、SQLiteOpenHelper.onUpgrade() 及一个构造函数。

SQLiteOpenHelper 的构造函数

SQLiteOpenHelper 有以下两个构造函数。

■
```
public SQLiteOpenHelper(Context context,
                        String name,
                        SQLiteDatabase.CursorFactory factory,
                        int version)
```

■
```
public SQLiteOpenHelper(Context context
                        String name,
                        SQLiteDatabase.CursorFactory factory,
                        int version,
                        DatabaseErrorHandler errorHandler)
```

每个构造函数都接受一个 Context、String、SQLiteOpenHelper.CursorFactory 和一个 int 类型作为参数。CursorFactory 用来创建数据库查询操作所需的游标（Cursor）对象，如果传空，就使用默认实现。

string 参数用来定义数据库文件的名字。该参数的值就是 SQLite 数据库文件在 Android 文件系统中的名字。因为一般的 App 不会直接和 SQLite 的数据库文件交互，所以对于 App 的 Java 代码来说，定义什么名字不是很重要。但是如果需要在一些外部工具中查看数据库，数据库的名字就非常重要了。

int 参数定义了当前数据库 schema 的版本号。随着应用功能的变化，为了支持新增的功能，数据库也有可能需要变化。实际上，随着时间的推移，应用逐渐演变，当新增功能时，增加一个表或视图是非常常见的情况。如果让用户卸载之后重新安装来完成升级，就是非常不好的体验。而 SQLiteOpenHelper 使用版本号来触发升级，允许开发者为用户提供一个轻量的升级流程。当数据库 schema 需要变化时，可以传入比之前版本号大的值，SQLiteOpenHelper 将会调用 onUpgrade()，以完成应用数据库的升级。

这两个构造函数唯一不同的地方就是，其中一个的参数列表中有 DatabaseErrorHandler。当数据库损坏时，DatabaseErrorHandler 可用来执行自定义操作，处理错误。

代码清单 4.1 展示了一个继承 SQLiteOpenHelper 并实现构造函数的类。

代码清单 4.1　实现 SQLiteOpenHelper 的构造函数

```
/* package */ class DevicesOpenHelper extends SQLiteOpenHelper {
   private static final static TAG = DevicesOpenHelper.class.getSimpleName();
   private static final int SCHEMA_VERSION = 3;
   private static final String DB_NAME = "devices.db";

   private final Context context;

   private static DevicesOpenHelper instance;

   public synchronized static DevicesOpenHelper getInstance(Context ctx) {
      if (instance == null) {
         instance = new DevicesOpenHelper(ctx.getApplicationContext());
      }

      return instance;
   }

   /**
    * 创建 DevicesOpenHelper 实例
    *
    @param context Context to read assets.This will be helped by the
➥instance.
   private DevicesOpenHelper(Context context) {
      super(context, DB_NAME, null, SCHEMA_VERSION);

      this.context = context;
   }
```

当从多个线程访问数据库时，强制使用一个 SQLiteOpenHelper 实例可保证线程安全。

单例模式可保证整合应用中只有一个 SQLiteOpenHelper 实例。代码清单 4.1 中实现了一个单例，使得整个应用只有一个实例，从而保证线程安全。

在 DevicesOpenHelper 中，用常量来定义数据库名字和版本号，然后将他们传入到 DevicesOpenHelper 父类的构造函数中。在应用的整个生命周期中，数据库的名字不太可能发生变化，但版本号一般是会变动的。

如果数据库 scheme 需要更新升级，为了体现新的版本变化，需要手动增加版本号常量 SCHEMA_VERSION 的值。版本号增加后，onUpgrade() 方法会被调用，执行升级操作。

SQLiteOpenHelper.onCreate()

SQLiteOpenHelper.onCreate()方法用来创建应用所需的数据库。和 Accessing.onCreate()，Fragment.onCreate()等方法类似，SQLiteDatabase.onCreate()只在数据库第一次被创建时调用。在这个方法中，可以用 DDL 来创建表和视图，用 DML 来初始化应用所需的数据。因为 SQLiteOpenHelper 本身不能执行 SQL 操作，所以在 onCreate() 方法传入了一个 SQLiteDatabase 对象，用来对数据库执行 SQL 操作。

代码清单 4.2 展示了 DevicesOpenHelper.onCreate() 的实现。

代码清单 4.2 实现 DevicesOpenHelper.onCreate()

```
@Override
public void onCreate(SQLiteDatabase db) {
    for (int i = 1; i <= SCHEMA_VERSION; i++) {
        applySqlFile(db, i);
    }
}
```

因为 DevicesOpenHelper.onCreate() 只在数据库首次创建时执行，所以该方法循环从低到高，加载并执行了所有的 schema 版本对应的 SQL 文件，以创建最新版本的数据库。在示例应用中，所有的 schema 版本对应的 SQL 文件，从高到低彼此依赖。为了创建完整的数据库 schema，必须要全部执行这些 SQL 文件。

在 DevicesOpenHelper.onCreate() 方法中，从文件中读取 SQL 语句，然后发送到数据库中执行。实际上，这些创建数据库所需的 SQL 语句也可以用 Java 代码生成，然后作为字符串，发送给 SQLiteDatabase 对象执行。

SQLiteOpenHelper.onUpgrade()

当需要升级数据库时，会调用 SQLiteOpenHelper.onUpgrade() 方法。Android 系统使用 PRAGMA user_version 来记录传入到 SQLiteOpenHelper 的当前版本号。

SQLite 的 PRAGMA 指令可以用来记录不属于某个表的数据，描述数据库本身的属性。user_version 这个属性可用在任何应用中，用来存取各个应用相应的数据版本信息。

当 SQLiteOpenHelper 发现当前的版本低于构造函数传入的版本号时，就调用 SQLiteOpenHelper.onUpgrade() 方法进行升级操作。代码清单 4.3 展示了一个 DevicesOpenHelper.onUpgrade() 的实现。

代码清单 4.3 DevicesOpenHelper.onUpgrade()

```
@Override
public void onUpgrade(SQLiteDatabase db,
                      int oldVersion,
                      int newVersion) {
    for (int i = (oldVersion + 1); i <= newVersion; i++) {
        applySqlFile(db, i);
    }
}
```

onUpgrade() 和 onCreate() 相似，他们都调用 applySqlFile() 去读 SQL 文件，并把其中的 SQL 语句应用到数据库。唯一的不同就是，onUpgrade() 传入了新、旧两个版本号。通过新、旧版本号的控制，可以使得只有那些没被处理过的 SQL 文件才被执行。

代码清单 4.4 展示了用于 onCreate() 和 onUpgrade() 的 applySql()的实现。

代码清单 4.4 applySql()的实现

```
private void applySqlFile(SQLiteDatabase db, int version) {
    BufferedReader reader = null;

    try {
        String filename = String.format("%s.%d.sql", DB_NAME, version);
        final InputStream inputStream =
                context.getAssets().open(filename);
        reader =
                new BufferedReader(new InputStreamReader(inputStream));

        final StringBuilder statement = new StringBuilder();      for (String line; (l
```

```
ine = reader.readLine()) != null;) {
            if (BuildConfig.DEBUG) {
                Log.d(TAG, "Reading line -> " + line);
            }

            // 忽略空行和 sql 注释
            if (!TextUtils.isEmpty(line) && !line.startsWith("--")) {
                statement.append(line.trim());
            }

            if (line.endsWith(";")) {
                if (BuildConfig.DEBUG) {
                    Log.d(TAG, "Running statement " + statement);
                }

                db.execSQL(statement.toString());
                statement.setLength(0);
            }
        }

    } catch (IOException e) {
        Log.e(TAG, "Could not apply SQL file", e);
    } finally {
        if (reader != null) {
            try {
                reader.close();
            } catch (IOException e) {
                Log.w(TAG, "Could not close reader", e);
            }
        }
    }
}
```

applySql() 接受一个 SQLiteDatabase 实例和一个代表版本的 int 值作为参数。通过 DATABASE_NAME 和版本号，访问 asset 资源下对应的 SQL 文件，读取每一个非空和非注释行。遇到分号之后，合并之前的行为 SQL 语句，将语句传递给 SQLiteDatabase.execSQL()，发送到数据库执行。

数据库的版本变迭，通过将各个版本引入的数据库的变化分成多个 SQL 文件放在 asset 资源目录下。每个 SQL 文件的命名符合一定规则，且包含版本号。图 4.1 展示了 Android Studio 中的 SQL 资源文件。

图 4.1 不同版本的 SQL 资源文件

在图 4.1 中，各个 SQL 文件代表不同的数据库版本。每个 SQL 文件和命名规则为：devices.db..sql。applySqlFile() 方法根据不同的版本读取不同的 SQL 文件，处理其中的 SQL 语句。

在继承 SQLiteOpenHelper 时，只有 onCreate() 和 onUpgrade() 这两个虚方法是必须实现的。根据实际需要，也可重载其他方法，如 onConfigure()和 onDowngrade()。

SQLiteOpenHelper.onConfigure()

SQLiteOpenHelper.onConfigure() 方法是用来配置数据库连接信息的，在其他如 onCreate()、onUpgrade() 和 onDowngrade() 等操作数据库的方法之前被调用。因为调用时机很早，数据库还处于一个不可预知的状态，在 onConfigure() 方法中（确切地说，是在 onCreate()、onUpgrade() 和 onDowngrade() 这三个方法任何一个被调用之前），不应该执行任何修改数据的操作。

代码清单 4.5 展示了 DevicesOpenHelper.onConfigure() 的实现。

代码清单 4.5 DevicesOpenHelper.onConfigure() 的实现

```
@Override
@TargetApi(Build.VERSION_CODES.JELLY_BEAN)
public void onConfigure(SQLiteDatabase db) {
    super.onConfigure(db);

    setWriteAheadLoggingEnabled(true);
    db.setForeignKeyConstraintsEnabled(true);
}
```

在代码清单 4.5 的 onConfigure() 方法中，启用了预写日志模式和外键支持。在这个方法中，也可以用 PRAGMA 设置属性值。

> **注**
>
> SQLiteOpenHelper.onConfigure() 这个方法是在 API 16 中引入的。在这个版本之前需要用另外的方式进行连接配置。

SQLiteOpenHelper.onDowngrade()

SQLiteOpenHelper.onDowngrade() 方法和 SQLiteDatabase.onUpgrade() 方法相似，它们拥有同样的参数。不同的是，onDowngrade() 处理的是当前所需版本比最新版本低时，需要降级的情况。

综上

代码清单 4.6 是 DevicesOpenHelper 的完整实现。

代码清单 4.6

```
/* package */ class DevicesOpenHelper extends SQLiteOpenHelper {
    private static final String TAG =
            DevicesOpenHelper.class.getSimpleName();
    private static final int SCHEMA_VERSION = 3;
    private static final String DB_NAME = "devices.db";

    private final Context context;

    private static DevicesOpenHelper instance;

    public synchronized static DevicesOpenHelper getInstance(Context ctx) {
        if (instance == null) {
            instance = new DevicesOpenHelper(ctx.getApplicationContext());
        }

        return instance;
    }

    /**
     * 单例
```

```
 *
 * @param context Context to read assets. This will be helped by the
 *                instance.
 */
private DevicesOpenHelper(Context context) {
    super(context, DB_NAME, null, SCHEMA_VERSION);

    this.context = context;

    // API < 16 时，处理发生在 onConfigure 的逻辑
    if (Build.VERSION.SDK_INT < Build.VERSION_CODES.JELLY_BEAN) {
        SQLiteDatabase db = getWritableDatabase();
        db.enableWriteAheadLogging();
        db.execSQL("PRAGMA foreign_keys = ON;");
    }
}

@Override
public void onCreate(SQLiteDatabase db) {
    for (int i = 1; i <= SCHEMA_VERSION; i++) {
        applySqlFile(db, i);
    }
}

@Override
public void onUpgrade(SQLiteDatabase db,
                      int oldVersion,
                      int newVersion) {
    for (int i = (oldVersion + 1); i <= newVersion; i++) {
        applySqlFile(db, i);
    }
}

@Override
@TargetApi(Build.VERSION_CODES.JELLY_BEAN)
public void onConfigure(SQLiteDatabase db) {
    super.onConfigure(db);

    setWriteAheadLoggingEnabled(true);
    db.setForeignKeyConstraintsEnabled(true);
}
private void applySqlFile(SQLiteDatabase db, int version) {
```

```
    BufferedReader reader = null;

    try {
        String filename = String.format("%s.%d.sql", DB_NAME, version);
        final InputStream inputStream =
                context.getAssets().open(filename);
        reader =
                new BufferedReader(new InputStreamReader(inputStream));

        final StringBuilder statement = new StringBuilder();

        for (String line; (line = reader.readLine()) != null;) {
            if (BuildConfig.DEBUG) {
                Log.d(TAG, "Reading line -> " + line);
            }

            if (!TextUtils.isEmpty(line) && !line.startsWith("--")) {
                statement.append(line.trim());
            }

            if (line.endsWith(";")) {
                if (BuildConfig.DEBUG) {
                    Log.d(TAG, "Running statement " + statement);
                }

                db.execSQL(statement.toString());
                statement.setLength(0);
            }
        }

    } catch (IOException e) {
        Log.e(TAG, "Could not apply SQL file", e);
    } finally {
        if (reader != null) {
            try {
                reader.close();
            } catch (IOException e) {
                Log.w(TAG, "Could not close reader", e);
            }
        }
    }
}
```

```
    public interface Tables {
        String DEVICE = "device";
        String MANUFACTURER = "manufacturer";
    }
}
```

SQLiteDatabase

在前面，我们讨论了 SQLiteOpenHelper 这个类，它是用来创建和升降级数据库的。为了真正使用数据库，App 需要另外一个类来和数据库交互：SQLiteDatabase。

SQLiteDatabase 这个类代表了到数据库的连接，包含了和数据库交互的方法，如执行 SQL 语句。这个类用来执行对数据库的一些常用的增删改查操作、事务操作及数据库配置。

在使用 SQLiteDatabase 之前，需要获取一个实例。在一般情况下，调用 SQLiteOpenHelper 相关的方法即可获取一个 SQLiteDatabase 实例的引用。

SQLiteOpenHelper 有两个方法可以返回 SQLiteDatabase: getReadableDatabase() 和 getWritableDatabase()。这两个方法都会返回 SQLiteDatabase 实例的引用，之前不存在则先创建。正如命名所示，前者返回一个可用于读操作的 SQLiteDatabase，而后者返回的则可用于读写。

SQLiteOpenHelper 这两个方法返回的实例引用，为提升其性能，在内部会有 SQLiteDatabase 的实例缓存。值得注意的是，如果在没调用 getReadableDatabase() 之前，先调用 getWritableDatabase() 创建并返回了一个可读写的 SQLiteDatabase 之后，再调用 getReadableDatabase()，返回的也是同一个对象。

数据库升级策略

关于数据库升级的策略在本章之前已经有过简要介绍。不过这是一个非常复杂的问题，我们在这里进一步讨论。

本章用到的 DevicesOpenHelper 的策略是将各个版本的数据库变化放到不同的 SQL 文件中。这是个不错的方法，但并非适合所有场景，有些可能会产生的问题，不得不小心提防。除此之外，还有其他处理数据库升级的方案，如删除所有表然后重建。

重建数据库

升级数据库最简单的方式是删除所有的表和视图，然后重建。在这种情况下，就没必要追溯数据库的版本了。增加版本号，只是为了触发 `SQLiteOpenHelper.onUpgrade()`。在 `onUpgrade()` 方法中，清空数据库，然后用 DDL 重建。

这样很简单，但之前在数据库中的数据也被清除了。不过根据 App 的需求及系统的架构设计，这也许不是大问题。比如 App 是循环往复地从服务器拉取信息，这时数据库升级时就没必要保留本地数据库中的数据了。清空数据库表、重建，然后重新从服务器获取，在很多时候也是完全可以接受的。如果是这样，这种方案简单朴素，值得一试。

修改现有数据库

删除重建也许是最简单的方式，但这个方式也一样有不适用的地方，如 App 在本地收集了一些数据，这些数据没有存储到远程服务器上。这时，简单地用 DDL 操作数据库是一个更好的方式。

通过操作现有数据库来进行升级是本章前面介绍的 `DevicesOpenHelper` 中所用的方法。根据变化的大小，也许使用 DDL 直接修改数据库就够了。如果只是简单地增加表或者列，那么这个方式一般情况都可行。如果是要修改现有的数据库对象，事情就会变得复杂一些。

第 3 章提到 SQLite 的 `ALTER TABLE` 有一些局限：不支持 `ALTER COLUMN` 和 `DROP COLUMN`。如果不能移除列，不用的列就无法从数据库中删除，这就占据了一些不必要的空间。另外，这些数据还可能被应用的代码无意地访问到。

为了达到和 `ALTER COLUMN` 相似的效果，可以创建一个新列，将之前的数据复制到新的列中。因为无法删除这个老的列，数据残留占用空间是一个问题。不小心访问到这些老数据，会造成难以排查的 bug。

更为棘手的是，忽略遗留不用的行是一件简单的事，但更改代码中对这个列的引用却是一件很麻烦的事情。如果不修改代码，那么当列有非空约束时，将会导致整条数据无法插入。在这种情况下，就不得不修改代码，为满足非空约束而填充一些无意义的数据。

为了解决这个问题，一些应用的做法是对部分表做删除重建，然后恢复数据。

复制表和删除表

在无法 DROP COLUMN 和 ALTER COLUMN 的情况下，解决旧数据列残留问题的一个办法是创建一个新表，这个表的列名是目前想要的。表创建好之后，将旧表的数据复制到新表，数据复制完成之后，删除旧表，把新表重命名为旧表。这种方法绕过了限制，完成了数据库的升级，不丢失任何数据。

举个例子，假设有一个数据表用代码清单 4.7 所示的 SQL 语句创建。

代码清单 4.7　示例数据表的创建

```
CREATE TABLE data_table (column1 TEXT NOT NULL,
                         column2 TEXT NOT NULL,
                         column3 TEXT NOT NULL);


INSERT INTO data_table
VALUES ('row1_column1', 'row1_column2', 'row1_column3');

INSERT INTO data_table
VALUES ('row2_column1', 'row2_column2', 'row2_column3');

INSERT INTO data_table
VALUES ('row3_column1', 'row3_column2', 'row3_column3');
```

即使 data_table.column3 不再需要用到了，因其有非空约束，在插入数据时也仍然要有一个值。理想的情况是，column3 直接从表中移除，这样应用代码在插入数据时就不用特别考虑这个列了。

代码清单 4.8 展示了前面提到的复制和删除表的方式。

代码清单 4.8　复制和删除表

```
CREATE TABLE temp_table AS SELECT column1, column2 FROM data_table;

DROP TABLE data_table;
ALTER TABLE temp_table RENAME TO data_table;
```

把数据复制到新表，同时保留原有命名，这保证了应用的数据查询代码不用做任何变更。不过返回的数据集更小一些。

数据访问和主线程

在主线程上执行一个耗时的操作是 Android 开发中的大忌，这会导致 UI 卡顿甚至无响应。Android 最佳实践建议避免在主线程中进行任何磁盘操作，以免导致不好的用户体验。尽管 SQLite 的数据访问很快，但毕竟是在磁盘上，所以不应在主线程上访问数据库。

使用一般的线程处理方案也可将数据库操作异步到非主线程，不过 Android SDK 提供了 `CursorLoader`。它使得从非主线程加载数据，然后在主线程更新 UI 非常轻松。关于这部分内容，第 5 章会详细叙述。

查看数据库中的数据

开发应用时，查看数据中的数据是非常有必要的。Android 使用 SQLite 作为数据库，所以任何支持 SQLite 的工具都可用在 Android 应用的数据库上。Android SDK 提供了可以查看设备上的数据库内容的工具，也可将数据库复制到开发机上。另外也有一些如 Facebook 的 Stetho 这样的工具可以用来和数据库交互。

使用 adb 访问数据库

对于一个 Android 开发者来说，adb（Android Debug Bridge）是一个非常有价值的工具。使用 adb 能通过 shell 连接到设备或者模拟器，然后通过命令行执行一些操作。Android SDK 中还包含了 `sqlite3`，在 shell 中可以用 `sqlite3` 的命令行对数据库进行操作。

adb 简介

下面这个命令显示了怎样用 adb 连接到设备。

```
<path_to_android_sdk_dir>/platform-tools/adb shell
```

如果有多个设备连接到了本机，就需要给出一个 ID 来指定要连接的设备。要查看本机连接了哪些设备，可通过 `adb devices` 命令查看，如代码清单 4.9 所示。

代码清单 4.9 查看设备列表

```
bash-4.3$ adb devices
List of devices attached
HT4ASJT00075 device
```

```
ZX1G22PJGX        device
bash-4.3$
```

虽然显示了设备的 ID，但哪个 ID 对应哪个设备还不够清晰。通过加入 `-l` 选项，可以附加显示更多的设备信息，如代码清单 4.10 所示。

代码清单 4.10　查看设备列表并显示设备名

```
bash-4.3$ adb devices -l
List of devices attached
HT4ASJT00075       device   product:volantis model:Nexus_9 device:flounder
ZX1G22PJGX         device   product:shamu model:Nexus_6 device:shamu

bash-4.3$
```

通过多加一个 `-l` 选项，可以很清楚地看到每个 ID 对应的是哪个设备。

确定了要连接的 ID 之后，通过 `-s` 选项在 `adb` 命令中指定这个要连接的设备，如下所示。

```
adb -s HT4ASJT00075 shell
```

> **注**
>
> `-s` 选项是 `adb` 的选项而不是其子命令的选项，也就是说 `-s` 选项可用于任何 `adb` 的子命令。

一旦用 `adb shell` 连接上了设备，就可以用一些标准的 Linux 命令在文件系统中导航，比如用 `cd` 进入到目录，用 `ls` 查看文件夹内容。

Android 的文件系统和权限

在使用 `adb shell` 命令时，要记住的很重要的一点是：Android 系统是重度基于 Linux 系统的。每个应用被当成了一个 Linux 系统中的用户，有自己的 home 目录，并且权限限定在了自己的 home 目录。这样，各个应用就无法访问其他应用的私有数据。这也是 Linux 用来做用户数据隔离的安全机制。在 Android 中，每个应用的 home 目录都在 `/data/data` 下，目录名是各个应用的包名。代码清单 4.11 展示了部分 `/data/data` 文件夹下的部分内容，包括每个子文件夹的权限。

代码清单 4.11 **/data/data** 目录列表

```
root@vbox86p:/data/data # ls -l /data/data
drwxr-x--x u0_a0    u0_a0          2017-05-12 03:07 com.android.backupconfirm
drwxr-x--x u0_a18   u0_a18         2017-05-12 03:07 com.android.browser
drwxr-x--x u0_a20   u0_a20         2017-05-12 03:07 com.android.calculator2
drwxr-x--x u0_a21   u0_a21         2017-05-12 03:07 com.android.calendar
drwxr-x--x u0_a22   u0_a22         2017-05-12 03:07 com.android.camera2
drwxr-x--x u0_a23   u0_a23         2017-05-12 03:07 com.android.captiveportallogin
drwxr-x--x u0_a24   u0_a24         2017-05-12 03:07 com.android.certinstaller
drwxr-x--x u0_a2    u0_a2          2017-05-12 03:07 com.android.contacts
drwxr-x--x u0_a26   u0_a26         2017-05-12 03:07 com.android.customlocale2
drwxr-x--x u0_a3    u0_a3          2017-05-12 03:07 com.android.defcontainer
drwxr-x--x u0_a27   u0_a27         2017-05-12 03:07 com.android.deskclock
drwxr-x--x u0_a28   u0_a28         2017-05-12 03:07 com.android.development
drwxr-x--x u0_a29   u0_a29         2017-05-12 03:07 com.android.development_settings
drwxr-x--x u0_a4    u0_a4          2017-05-12 03:07 com.android.dialer
drwxr-x--x u0_a30   u0_a30         2017-05-12 03:07 com.android.documentsui
drwxr-x--x u0_a17   u0_a17         2017-05-12 03:07 com.android.dreams.basic
drwxr-x--x u0_a48   u0_a48         2017-05-12 03:07 com.android.dreams.phototable
drwxr-x--x u0_a31   u0_a31         2017-05-12 03:07 com.android.email
drwxr-x--x u0_a32   u0_a32         2017-05-12 03:07 com.android.exchange
drwxr-x--x u0_a6    u0_a6          2017-05-12 03:07 com.android.externalstorage
drwxr-x--x u0_a33   u0_a33         2017-05-12 03:07 com.android.galaxy4
drwxr-x--x u0_a34   u0_a34         2017-05-12 03:07 com.android.gallery3d
drwxr-x--x u0_a58   u0_a58         2017-05-12 03:07 com.android.gesture.builder
drwxr-x--x u0_a36   u0_a36         2017-05-12 03:07 com.android.htmlviewer
drwxr-x--x system   system         2017-05-12 03:07 com.android.inputdevices
drwxr-x--x u0_a38   u0_a38         2017-05-12 03:07 com.android.inputmethod.latin
drwxr-x--x system   system         2017-05-12 03:18 com.android.keychain
drwxr-x--x u0_a39   u0_a39         2017-05-12 03:07 com.android.launcher3
drwxr-x--x system   system         2017-05-12 03:07 com.android.location.fused
drwxr-x--x u0_a7    u0_a7          2017-05-12 03:07 com.android.managedprovisioning
drwxr-x--x u0_a8    u0_a8          2017-05-12 03:07 com.android.mms
drwxr-x--x radio    radio          2017-05-12 03:07 com.android.mms.service
drwxr-x--x u0_a42   u0_a42         2017-05-12 03:07 com.android.music
```

在代码清单 4.11 中，每个列出的目录代表了安装在这个设备上的应用的 home 目录。home 目录是诸如数据库、preference、缓存数据等存放的地方。因为这些数据只属于应用本身，所以 Android 通过权限控制使得每个 home 目录不被其他应用访问到。每个在 `/data/data` 目录下的子目录的权限都是 `rwxr-x--x`，这使得除非是这个目录的所有者，即包名是这个目录名的应用，其他应用只可以进入这个目录，无法在这个目录下添加或移除文件。

我们进到一个应用的目录中看看，Android 是怎样控制权限的。代码清单 4.12 展示了 /data/data/com.android.providers.contacts 下 database 文件夹下的内容。

代码清单 4.12 文件权限

```
root@vbox86p:/data/data # ls -l \
> data/data/com.android.providers.contacts/databases
-rw-rw---- u0_a2    u0_a2     331776 2017-05-12 03:07 contacts2.db
-rw-rw---- u0_a2    u0_a2          0 2017-05-12 03:07 contacts2.db-journal
-rw-rw---- u0_a2    u0_a2     331776 2017-05-12 03:07 profile.db
-rw-rw---- u0_a2    u0_a2      16928 2017-05-12 03:07 profile.db-journal
root@vbox86p:/data/data #
```

我们注意到代码清单 4.12 中的权限（rw-rw----）比目录的权限更加严格，其他应用都无法读写这些文件。

使用 adb 浏览设备或模拟器上的文件时，权限是非常重要的，因为在启动 adb shell 的时候，可能是由一个无权限的用户的身份启动的。在 Linux 系统中，所谓的无权限指的是，当前通过 shell 登录的用户，无法变更当前设备任何文件或者文件夹的权限。如果一个文件的权限，设置成除其所有者之外，其他任何用户都无法读取，那么 adb shell 也是无法读取的。这也就是说 adb shell 不能读写各个应用 home 目录的数据库文件。

adb shell 在没有 root 过的大多数的设备上，是以一个无权限的用户运行的，在 root 过的设备和模拟器上是以 root 用户的身份运行的。在 Linux 系统中，root 用户可看成是管理员账户，可以覆盖文件夹和文件的权限，对系统的访问几乎没有限制。

adb shell 在模拟器或者 root 过的设备上以 root 身份运行之后，可以访问应用的私有文件、目录和数据库。而在未 root 的设备上，则不能访问应用私有的数据库。

> **注**
>
> 本章所有 adb 命令都是运行在模拟器或者 root 过的模拟器上的。在未 root 过的设备或者模拟器上，因为权限不足，读取和复制应用 home 目录下的文件的命令都无法运行。

用 adb 确定数据库位置

在连接 SQLite 数据库之前，需要先知道它的位置。我们在第 3 章提到 SQLite 只用一个文件存储数据（事务支持使用了一些临时文件）。这些文件位于应用的 home 目录下。

我们以 Android 系统的联系人数据库为例，在访问这个数据库之前，需要先知道它的位置。数据库文件的位置可以用 adb 来确定。

Android 使用 content provider 来访问大多数的系统级数据库。关于 content provider，我们将在后续的章节进一步深入讨论。在这里，我们只要知道它对数据库访问提供了一层数据抽象，同时包含了授权访问信息（authority），用于唯一标识其在 ContentProvider 中的数据类型。这个授权访问信息，一般会定义在使用 ContentProvider 时提供公开 API 的合约类中。

联系人的 content provider 的合约类是 ContactsContract。从这个类的文档中我们可以看到，它定义的授权访问信息的值是常量 com.android.contacts，详见链接 2。我们可以用这个值和 adb shell dumpsys 找出支持联系人 ContentProvider 的数据库。

adb shell dumpsys 命令用来显示系统信息，代码清单 4.13 显示如何使用 adb shell dumpsys 获取系统注册的 content provider，以及这个命令的部分输出。

代码清单 4.13 adb shell dumpsys

```
bash-4.3$ adb shell dumpsys activity providers
ACTIVITY MANAGER CONTENT PROVIDERS (dumpsys activity providers)
...
* ContentProviderRecord{2f0e81e u0 com.android.providers.contacts/.Contacts
➥Provider2}
   package=com.android.providers.contacts process=android.process.acore
   proc=ProcessRecord{ad8d91a 11766:android.process.acore/u0a2}
   launchingApp=ProcessRecord{ad8d91a 11766:android.process.acore/u0a2}
   uid=10002 provider=android.content.ContentProviderProxy@c8028ff
   authority=contacts;com.android.contacts
...

bash-4.3$
```

adb shell dumpsys 的输出中包含了系统所安装的应用提供的 content provider 的信息，只要查找对应的授权访问信息（authority）即可。在上面的输出中有很多个 ContentProviderRecord，其中包含了 com.android.contacts 这个授权访问信息的 ContentProviderRecord，才是我们要查找的信息。

在大多数情况下，只要确定了对应的 ContentProviderRecord，包名对应的应用就是要找的 content provider。对于联系人来说，包名为 com.android.providers.contacts 的应用提供了联系人的 content provider。一旦包名确定了，找到数据库所在位置就很简单了，因为数据库文件就在应用的 home 目录/data/data/com.android.providers.contacts 下。

在代码清单 4.14 中，我们用 cd 进入到应用的 home 目录，然后用 ls 命令来列目录。

代码清单 4.14 查看 home 目录

```
root@generic_x86_64:/ # cd /data/data/com.android.providers.contacts
root@generic_x86_64:/data/data/com.android.providers.contacts # ls
cache
code_cache
databases
files
shared_prefs
root@generic_x86_64:/data/data/com.android.providers.contacts #
```

我们可以看到，在代码清单 4.14 中，目录/data/data/com.android.providers.contacts 包含以下入口。

- cache
- code_cache
- databases
- files
- shared_prefs

cache 和 code_cache 用作缓存目录，files 存放应用相关的文件，shared_prefs 目录存放了应用 shared-prefs 的 XML 文件，databases 目录就是用来存放 SQLite 数据库文件的地方。在前面的 SQLiteOpenHelper 中，所用的数据库的名字，就是这个目录下数据库文件的文件名。如代码清单 4.15 所示。

代码清单 4.15　数据库目录下的文件

```
root@generic_x86_64:/data/data/com.android.providers.contacts# ls databases
contacts2.db
contacts2.db-journal
```

```
profile.db
profile.db-journal
root@generic_x86_64:/data/data/com.android.providers.contacts#
```

在代码清单 4.15 中，我们可以看到 contacts2.db 和 profile.db 两个数据库文件，每个数据库文件还有一个日志模式下用来支持事务的临时文件。知道数据库文件位置之后，就可以用 sqlite3 命令连接数据库了。

使用 sqlite3 连接数据库

Android SDK 中的 sqlite3 属于 SQLite 工具包的一部分。使用 sqlite3 连接数据库，只要简单指定数据库的文件名即可，如代码清单 4.16 所示。

代码清单 4.16　连接数据库

```
root@generic_x86_64:/data/data/com.android.providers.contacts # sqlite3 \
> databases/contacts2.db
SQLite version 3.8.10.2 2015-05-20 18:17:19
Enter ".help" for usage hints.
sqlite>
```

sqlite3 连接上数据库之后，会显示命令行交互，并显示输入“.help”获取帮助。代码清单 4.17 显示了帮助的输出。

代码清单 4.17　sqlite3 的帮助

```
sqlite> .help
.backup ?DB? FILE       Backup DB (default "main") to FILE
.bail on|off           Stop after hitting an error.  Default OFF
.clone NEWDB           Clone data into NEWDB from the existing database
.databases             List names and files of attached databases
.dump ?TABLE? ...       Dump the database in an SQL text format
                       If TABLE specified, only dump tables matching
                       LIKE pattern TABLE.
.echo on|off           Turn command echo on or off
.eqp on|off            Enable or disable automatic EXPLAIN QUERY PLAN
.exit                 Exit this program
.explain ?on|off?            Turn output mode suitable for EXPLAIN on or off.
                               With no args, it turns EXPLAIN on.
.fullschema                  Show schema and the content of sqlite_stat tables
.headers on|off              Turn display of headers on or off
.help                        Show this message
```

```
.import FILE TABLE       Import data from FILE into TABLE
.indices ?TABLE?         Show names of all indices
                           If TABLE specified, only show indices for tables
                           matching LIKE pattern TABLE.
.log FILE|off            Turn logging on or off.  FILE can be stderr/stdout
.mode MODE ?TABLE?       Set output mode where MODE is one of:
                           csv      Comma-separated values
                           column   Left-aligned columns.  (See .width)
                           html     HTML <table> code
                           insert   SQL insert statements for TABLE
                           line     One value per line
                           list     Values delimited by .separator string
                           tabs     Tab-separated values
                           tcl      TCL list elements
.nullvalue STRING        Use STRING in place of NULL values
.once FILENAME           Output for the next SQL command only to FILENAME
.open ?FILENAME?         Close existing database and reopen FILENAME
.output ?FILENAME?       Send output to FILENAME or stdout
.print STRING...         Print literal STRING
.prompt MAIN CONTINUE    Replace the standard prompts
.quit                    Exit this program
.read FILENAME           Execute SQL in FILENAME
.restore ?DB? FILE       Restore content of DB (default "main") from FILE
.save FILE               Write in-memory database into FILE
.schema ?TABLE?          Show the CREATE statements
                           If TABLE specified, only show tables matching
                           LIKE pattern TABLE.
.separator STRING ?NL?   Change separator used by output mode and .import
                           NL is the end-of-line mark for CSV
.shell CMD ARGS...       Run CMD ARGS... in a system shell
.show                    Show the current values for various settings
.stats on|off            Turn stats on or off
.system CMD ARGS...      Run CMD ARGS... in a system shell
.tables ?TABLE?          List names of tables
                           If TABLE specified, only list tables matching
                           LIKE pattern TABLE.
.timeout MS              Try opening locked tables for MS milliseconds
.timer on|off                Turn SQL timer on or off
.trace FILE|off              Output each SQL statement as it is run
.vfsname ?AUX?               Print the name of the VFS stack
.width NUM1 NUM2 ...         Set column widths for "column" mode
```

```
                                  Negative values right-justify
sqlite>
```

通过 .help 命令可看到所有的帮助。每个命令都是以点号开头。除了 .help 之外，还有一个很重要的命令是 .quit，用来退出 sqlite3，回到 shell 环境。

连接上数据库之后，sqlite3 命令就可直接执行 SQL 语句了。在运行 SQL 语句之前，在不清楚数据库结构的情况下，可以使用 .tables 命令列出数据库中所包含的表。代码清单 4.18 为运行 tables 命令的结果。

代码清单 4.18　运行 .tables 命令

```
sqlite> .tables
_sync_state                  phone_lookup              view_data_usage_stat
_sync_state_metadata         photo_files               view_entities
accounts                     properties                view_groups
agg_exceptions               raw_contacts              view_raw_contacts
android_metadata             search_index              view_raw_entities
calls                        search_index_content      view_stream_items
contacts                     search_index_docsize      view_v1_contact_methods
data                         search_index_segdir       view_v1_extensions
data_usage_stat              search_index_segments     view_v1_group_membership
default_directory            search_index_stat         view_v1_groups
deleted_contacts             settings                  view_v1_organizations
directories                  status_updates            view_v1_people
groups                       stream_item_photos        view_v1_phones
mimetypes                    stream_items              view_v1_photos
name_lookup                  v1_settings               visible_contacts
nickname_lookup              view_contacts             voicemail_status
packages                     view_data
sqlite>
```

现在数据库中的表已经很清楚了，下面我们用 sqlite3 去查询 raw_contacts，如代码清单 4.19 所示。

代码清单 4.19　数据查询

```
sqlite> select _id, display_name, display_name_alt from raw_contacts;
1|Bob Smith|Smith, Bob
2|Rob Smith|Smith, Rob
3|Carol Smith|Smith, Carol
```

```
4|Sam Smith|Smith, Sam
sqlite>
```

代码清单 4.19 中输出的数据已经很清楚了，但如果在查询结果显示列名的话会更加清楚。我们只要在 SQLite 命令提示符中使用 .headers 即可。这个命令可控制显示列名与否。在默认情况下，列名是不显示的，代码清单 4.20 展示了如何开启列名的显示。

代码清单 4.20　开启列名显示

```
sqlite> .headers on
sqlite> select _id, display_name, display_name_alt from raw_contacts;
_id|display_name|display_name_alt
1|Bob Smith|Smith, Bob
2|Rob Smith|Smith, Rob
3|Carol Smith|Smith, Carol
4|Sam Smith|Smith, Sam
sqlite>
```

在代码清单 4.20 中，查询结果中有了列名，这使得数据和实际的列更容易对应起来，以了解每一列数据的含义。

另外，通过启用列模式，可以让结果更加易读。通过.mode 命令，sqlite3 可以让结果集以不同的格式返回，无论是 ASCII 格式（默认）还是 HTML 格式，或者是生成 INSERT 语句，以及列模式。设置开启列模式，运行命令 .mode column 即可，如代码清单 4.21 所示。

代码清单 4.21　启用列模式

```
sqlite> .mode column
sqlite> select _id, display_name, display_name_alt from raw_contacts;
_id        display_name    display_name_alt
---------- ------------    ----------------
1          Bob Smith       Smith, Bob
2          Rob Smith       Smith, Rob
3          Carol Smith     Smith, Carol
4          Sam Smith       Smith, Sam
sqlite>
```

adb 和 sqlite3 的快捷方式

代码清单 4.9 到 4.21 展示了如何使用 adb 在 Android 的文件系统中切换目录和浏览文件，使用 sqlite3 连接数据库。如果知道数据库的位置，或者简单知道包名的话，就可以直接用 adb shell 和 sqlite3 的快捷命令来执行 SQL 语句。这种方式比启动 shell 再连接到数据更方便。因为这种方式可以用到很多 shell 的特性，如历史记录、管道、重定向等。

要使用这种方式，只要传递命令给 adb shell 内联运行即可。比如要访问数据库的话，只要传递 sqlite3 和数据库路径及相关的 SQL 语句即可，如代码清单 4.22 所示。

代码清单 4.22 adb shell 和 sqlite3 内联运行

```
bash-4.3$ adb shell sqlite3 \
> /data/data/com.android.providers.contacts/databases/contacts2.db \
> '"select _id, display_name, display_name_alt from raw_contacts;"'
1|Bob Smith|Smith, Bob
2|Rob Smith|Smith, Rob
3|Carol Smith|Smith, Carol
4|Sam Smith|Smith, Sam
bash-4.3$
```

我们注意到，代码清单 4.22 的输出中只是默认的 ASCII 格式，如果想启用列模式的显示列名，可以传递 --column 和 --header 这两个参数。这些参数是必要的，在快捷模式下，并没进入到 shell，SQL 语句执行之后打印完结果，sqlite3 就退出了。代码清单 4.23 展示了加入这两个格式之后的效果。

代码清单 4.23 添加格式后的效果

```
bash-4.3$ adb shell sqlite3 -column -header \
> /data/data/com.android.providers.contacts/databases/contacts2.db \
> '"select _id, display_name, display_name_alt from raw_contacts;"'
_id         display_name  display_name_alt
----------  ------------  ----------------
1           Bob Smith     Smith, Bob
2           Rob Smith     Smith, Rob
3           Carol Smith   Smith, Carol
4           Sam Smith     Smith, Sam
bash-4.3$
```

我们可以看到，和之前通过交互式的 shell 输出的结果是一样的。

对于常用的查询，可以把 adb shell 和 sqlite3 结合起来，放到脚本文件中。这样，可以在开发机上方便地做持久化复杂的查询，同时数据库还在设备或模拟器上，不用做任何操作。

使用第三方工具访问数据库

adb 和 sqlite3 提供了对数据库便捷轻量的访问。但这种方式相比一些强大的数据库工具还有很多不足，比如没有 GUI 界面、没有自动代码补全，对于大部分的开发者来说，这些功能都能使得开发更加容易。当我们想使用这些更为强大的工具时，数据库要从设备或模拟器上复制到开发机，以便用这些工具访问。adb 命令支持从设备上拉取文件和推送文件到设备上。

可以使用 adb pull 从设备上拉取一个文件到本地，代码清单 4.24 演示的是从设备上拉取一个联系人数据库到本地目录。

代码清单 4.24　使用 adb pull 拉取文件

```
bash-4.3$ adb pull \
> /data/data/com.android.providers.contacts/databases
pull: building file list...
pull: /data/data/com.android.providers.contacts/databases
/contacts2.db-journal -> ./contacts2.db-journal
pull: /data/data/com.android.providers.contacts/databases
/contacts2.db -> ./contacts2.db
5 files pulled. 0 files skipped.
1745 KB/s (713248 bytes in 0.399s)
bash-4.3$
```

当数据库文件复制到本地之后，SQLite 相关的工具就可以读取这些文件了。每次应用数据更新，这些工具要得到最新的数据，都要重新从设备上拉取数据库，这个步骤冗长复杂。幸好，还有一些工具可以不用从设备复制数据库文件，同时还提供了比 sqlite3 强大很多的功能。比如说 Facebook 的 Stetho。

使用 Stetho 访问数据库

Stetho 是由 Facebook 开发和维护的一个 Android 调试工具。Stetho 主要通过 Chrome 的开发者工具来获取各种开发时所需的信息。使用 Stetho 可以获取大量有用的信息，本章我们只关注数据库方面的内容。

为了在 Android 项目中使用 Stetho，需要将它加入到工程中，并在应用中初始化。Stetho 的功能只有在 Debug 模式中才起作用，因为数据安全的原因，我们几乎没任何原因在 Release 版本中开启这些功能。这就意味着，Stetho 只能使用于正在开发的应用，不可以应用于那些发布到应用市场的应用。所以本章继续用“设备数据库”这个项目来演示使用 Stetho。

在初始化之前，需要把 Stetho 加入到 `build.gradle` 中，如代码清单 4.25 所示。

代码清单 4.25 将 Stetho 加入到 `build.gradle` 中

```
dependencies {
    // other dependencies
    compile 'com.facebook.stetho:stetho:1.3.1'
    }
}
```

在项目中引用了 Stetho 之后，需要将其初始化。推荐的初始化方式是在 `Application` 的 `onCreate()` 中进行初始化；因为 Stetho 的功能只能在 debug 版本中开启，所以要加入对 `BuildConfig.DEBUG` 标志的检查。如代码清单 4.26 所示。

代码清单 4.26 初始化 Stetho

```
public class DeviceDatabaseApplication extends Application {
    @Override
    public void onCreate() {
        super.onCreate();

        if (BuildConfig.DEBUG) {
            Stetho.initializeWithDefaults(this);
        }
    }
}
```

通过 4.26 的代码初始化 Stetho，在编译运行之后，可以通过 Chrome 查看正在运行的应用。具体的做法是，打开 Chrome，地址栏输入链接 3，之后会看到如图 4.2 所示的界面。

图 4.2　Stetho 的设备列表

图 4.2 展示了所有连接到开发机的设备，以及配置使用了 Stetho 应用的包名。在图 4.2 中，我们可以查看 Nexus 6 或者 Nexus 9 这两个设备，它们都有“设备数据库”这个应用。点击想要查看的设备下的 `inspect` 链接，Chrome 会打开一个新的开发者工具窗口，如图 4.3 所示。

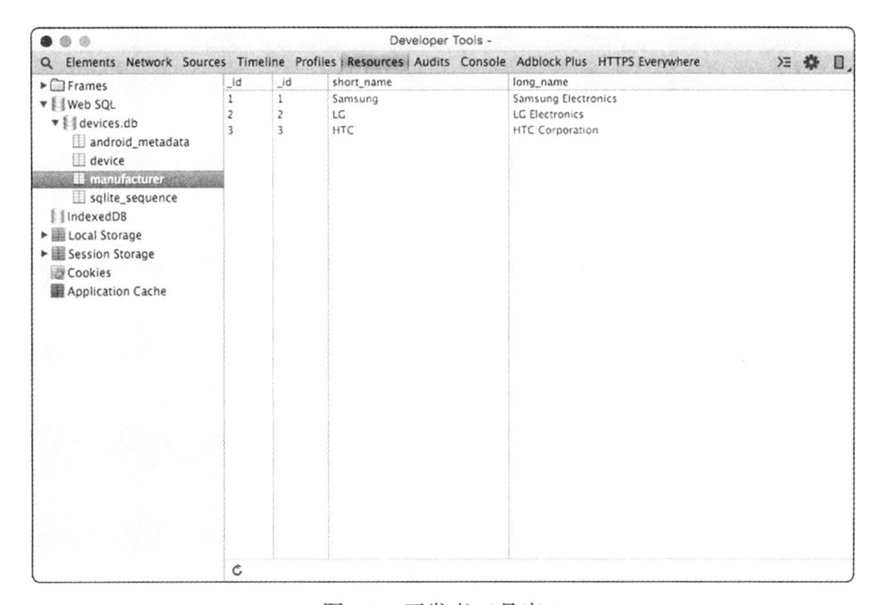

图 4.3　开发者工具窗口

点击 `Resources` 这个标签，展开左侧的 Web SQL 树，可以看到应用下的数据库文件列表。对于这个应用，我们可以看到一个 `devices.db` 的数据库文件在左侧的 Web SQL 树下。

展开数据库文件，可以看到数据库中所有的表，点击表名即可查看表的内容。图 4.3 展示了 `manufacturer` 这个表的内容。这样，我们可以很方便地看到数据库的内容，不用拉取数据库文件，也不用手写 SQL。

除了查看数据库内容，Stetho 还可以用来执行 SQL 语句。点击数据库文件名（查看数据库内容是点击左侧的三角箭头），右侧会出现一个 SQL 编辑器，如图 4.4 所示。

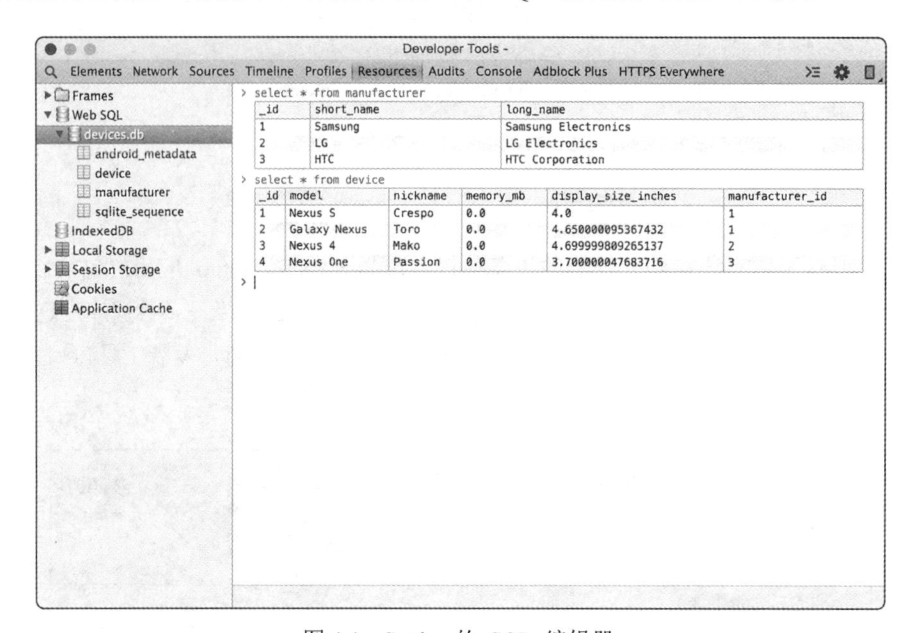

图 4.4　Stetho 的 SQL 编辑器

Stetho 的 SQL 编辑器是一个命令提示符，可以直接运行 SQL 语句，结果直接展示。这对于一些类似 `JOIN` 这样的查询来说，非常方便。

在开发一个应用时，可以便捷地访问数据库对提高开发速度是非常有价值的。不管是在检查 Java 代码中涉及的 SQL 语句的语法，还是在调试应用中的一个问题，使用 `adb` 或 Stetho 这样的工具都是非常重要的。

总结

对于复杂的应用来说，SQLite 的使用越来越频繁。Android 提供了一些工具，用来降低使用 SQLite 的难度，以满足各个应用需要用数据库存储内部数据的需求。`adb`、`adb shell` 及

adb shell dumpsys 等命令可以用来和数据库交互。另外，adb 还可以将数据库从设备复制到开发机，这样我们就可以使用更加强大的数据库工具了。

为了更近一步抽象 SQLite 的交互，Android 还提供了支持数据库不同生命周期事件的 API。SQLiteOpenHelper 类提供了非常方便的方法，可以用来处理首次创建数据库、数据库的升级和降级、数据库连接的配置等。SQLiteDatabase 类提供了在 SQLite 中执行 SQL 语句的方法。

本章介绍了使用 SQLite 更高级别的一些细节。本书的剩余部分会详细介绍如何实现 Android SQLite API 中的不同部分。

第 5 章

在 Android 中使用数据库

上一章对 SQLiteOpenHelper 和 SQLiteDatabase 类进行了介绍，并讨论了如何创建数据库。但对于数据库而言，这仅仅是第一步。只有当其拥有数据，并允许软件查询后，才能有效地发挥其作用。如何在 Android 中做到这点呢？本章会继续讨论哪些 Android SDK 可以用来操作和查询数据库。

操作数据

Android SDK 包含许多数据库交互类。不仅支持创建、读取、更新和删除操作（CRUD），SDK 还有用来协助生成查询、读取数据库的类。下面列出本章即将介绍的各种类，并简单介绍如何利用它们跟数据库交互。

- SQLiteDatabase：相当于一个 Android 数据库。它拥有操作数据库的标准 CRUD 方法，用来控制 SQLite 数据库文件。
- Cursor：持有数据库查询的结果集。应用程序可以直接向用户展示 cursor 的数据，也可以用它来执行业务逻辑。
- ContentValues：存储键/值对，代表一个数据行。在大多数情况下，它的键对应表的列，值是需要插入表的数据。
- CursorLoader：作为 loader 框架的一部分，用来处理 cursor 对象。
- LoaderManager：管理一个 Activity 或 Fragment 上的全部 loader 对象。LoaderManager 拥有初始化和重置 loader 对象的 API，Android 组件可能会用到。

使用 SQL 是操作 Android 数据库十分重要的一环。通过第 2 章对 SQL 的介绍，我们已经了解了如何通过 SQL 创建和升级数据库。此外，SQL 还可以读取、更新和删除数据库数据。Android SDK 提供了许多协助生成 SQL 语句的类，并同时支持通过 Java 字符串编写 SQL 语句。

若要在 Android 中使用 SQL，就必须引入 `SQLiteDatabase` 类。它拥有的方法不仅可以创建 SQL 语句，也使得向数据库传递 SQL 指令这个过程更加简单。

在典型的数据库应用场景里，创建数据库紧接着就是填充数据，因为拥有数据的数据库才能有效发挥作用。上一章已经讲解了数据库的创建，本章就从填充数据开始讲起。

行插入

`SQLiteDatabase` 类拥有许多便捷的插入方法。以下三种会在大多数场景里使用到。

- `long insert(String table, String nullColumnHack, ContentValues values)`
- `long insertOrThrow(String table, String nullColumnHack, ContentValues values)`
- `long insertWithOnConflict(String table, String nullColumnHack, ContentValues values, int conflictAlgorithm)`

注意以上方法的入参都至少包含一个 `String` 类型的 `tableName`、一个 `String` 类型的 `nullColumnHack`，以及一个 `ContentValues` 类型的 `values`（即前三个参数），此外 `insertwithOnConflict()` 方法还有第 4 个参数，后文会继续讨论。以下是它们的相同参数。

- `String table`：执行插入操作的表名，也就是表创建时的名称。
- `String nullColumnHack`：若插入新行时 `ContentValues` 参数没有数据，就会预防性地把这个参数对应的列设置为 null。
- `ContentValues values`：持有即将插入表的数据。

`ContentValues` 就是一个映射类，一个值对应一个字符串键。同时它拥有许多强制类型安全的重载 `put` 方法，如下所示。

- `void put(String key, Byte value)`
- `void put(String key, Integer value)`

- void put(String key, Float value)
- void put(String key, Short value)
- void put(String key, byte[] value)
- void put(String key, String value)
- void put(String key, Double value)
- void put(String key, Long value)
- void put(String key, Boolean value)

每个 put 方法都有一个 String 类型的 key 和一个特定类型的 value 参数。若想将 ContentValues 对象携带的数据插入数据库，key 参数必须跟所插入表的列名匹配。

除了上述众多的重载 put 方法，还有 put(ContentValues other) 可以快速添加别的 ContentValues 对象的所有数据及 putNull(String key) 将某列设置为 null。

在典型的应用场景里，首先会创建一个全新的 ContentValues 实例，接着填充所有需要插入表的值，最后通过 SQLiteDatabase 某个插入方法将其传递给数据库。代码清单 5.1 展示了这种场景。

代码清单 5.1 通过 SQLiteDatabase.insert() 插入数据

```
int id = 1;
String firstName = "Bob";
String lastName = "Smith";

ContentValues contentValues = new ContentValues();
contentValues.put("id", id);
contentValues.put("first_name", firstName);
contentValues.put("last_name", lastName);

SQLiteDatabase db = getDatabase();
db.insert("people", null, contentValues);
```

在代码清单 5.1 里，nullColumnHack 参数被设为 null，因为根据代码，可以确定 values 参数至少会包含一列数据。但也有例外情况，所以这也是 nullColumnHack 参数存在的原因。

为了解释 nullColumnHack 的作用，首先需要考虑到一种情况，即将插入表的 ContentValues 对象不含有任何数据，这相当于往数据库插入没任何列的数据行。在 SQL 规范里，这种插入语句是非法的，它至少需要指明一列数据。而 nullColumnHack 参数的作用就在于，可以用它避免因为“空 ContentValues”而导致的异常情况。当 ContentValues 对象不包含任何数据时，会生成将 nullColumnHack 所代表的列赋值为 null 的插入语句。跟 ContentValues 对象的键一样，nullColumnHack 字符串值必须跟表的列名匹配。

代码清单 5.2 展示了 nullColumnHack 参数的用法。执行以下代码后，last_name 列将包含一个 null 值。

代码清单 5.2 为 nullColumnHack 指定 null 值

```
ContentValues contentValues = new ContentValues();
SQLiteDatabase db = getDatabase();
db.insert("people", "last_name", contentValues);
```

SQLiteDatabase 的三个插入方法都会返回一个 long 值。它可以是新增行的 row ID，但如果插入出错，则返回值是 -1。

代码清单 5.1 和 5.2 都使用最简单的插入方法即 SQLiteDatabase.insert() 给表插入数据，出错后它只会返回 -1。但另外两个插入方法可以通过不同的方式处理异常。

SQLiteDatabase.insertOrThrow()跟 SQLiteDatabase.insert()方法类似，但如果插入数据时出错，它就会抛出 SQLException 异常。SQLiteDatabase.insertOrThrow()入参跟 SQLiteDatabase.insert() 一样。

SQLiteDatabase.insertWithConflict(String table,String nullColumnHack, ContentValues values, int conflictAlgorithm) 跟其他两个方法有点不同，就是它支持冲突解决。插入冲突通常发生在往一个 UNIQUE 或是主键列插入重复数据。假设数据库表如表 5.1 所示。

表 5.1 数据库表示例

first_name	last_name	id*
Bob	Smith	1
Ralph	Taylor	2
Sabrina	Anderson	3
Elizabeth	Hoffman	4
Abigail	Elder	5

在表 5.1 中，id 列是主键，即表的所有行在该列上的值都是唯一的。因此，试图插入一行 id 为 1 数据是非法的，因为它违反了 UNIQUE 约束。

现在我们已经了解到，前面的两个插入方法分别通过返回 -1 值（SQLiteDatabase.insert()）或者抛出异常（SQLiteDatabase.insertOrThrow）方式表示错误。而 SQLiteDatabase.insertWith OnConflict() 依赖传入的第 4 个参数决定如何处理插入冲突。SQLiteDatabase 类通过常量形式定义处理插入冲突的策略，如下所示。

- SQLiteDatabase.CONFLICTROLLBACK：打断当前操作。如果该操作在事务里，那么任何之前的操作都会回退，同时 insertWithOnConflict() 方法会返回 SQLiteDatabase.CONFLICTFAIL 值。
- SQLiteDatabase.CONFLICT_ABORT：打断当前操作。即使该操作在事务里，也不会影响之前的任何操作。
- SQLiteDatabase.CONFLICTFAIL：跟 SQLiteDatabase.CONFLICTABORT 相似。但它除了会打断当前操作，还会返回 SQLITE_CONSTRAINT 值。
- SQLiteDatabase.CONFLICT_IGNORE：跳过当前操作及其在事务中后面的其他操作，不会返回任何错误。
- SQLiteDatabase.CONFLICT_REPLACE：删除冲突行，并插入新行。不会返回任何错误。
- SQLiteDatabase.CONFLICT_NONE：不指定任何冲突解决方案。

行更新

插入数据后通常要更新数据。跟前面讨论的三个插入方法一样，SQLiteDatabase 也拥有以下两个用来更新数据库表的方法。

- int update(String table, ContentValues values, String whereClause, String[] whereArgs)
- int updateWithOnConflict(String table, ContentValues values, String whereClause, String[] whereArgs, int conflictAlgorithm)

跟插入方法很像，这两个更新方法的前 4 个参数是一样的，updateWithOnConflict()

的第 5 个参数用来定义应该如何解决冲突。

它们相同的参数如下。

- String table：定义执行更新的表名。跟 insert 语句一样，该字符串值需要跟数据库表名匹配。
- ContentValues values：键/值对，分别对应 UPDATE 语句的列名和值。
- String whereClause：定义 UPDATE 语句的 WHERE 子句。该字符串里包含的“?”字符会被替换成 whereArgs 数组里的值。
- String[] whereArgs：为 whereClause 参数提供替换值。

代码清单 5.3 展示 SQLiteDatabase.update() 方法的调用示例。

代码清单 5.3　调用 update() 示例

```
String firstName = "Robert";

ContentValues contentValues = new ContentValues();
contentValues.put("first_name", firstName);

SQLiteDatabase db = getDatabase();
db.update("people", contentValues, "id = ?", new String[]{"1"})
```

代码清单 5.3 更新了 id 为 1 的行的名字。代码首先创建一个 ContentValues 对象并填充需要更新的值，接着调用 SQLiteDatabase.update() 方法将语句传给数据库。同时通过 whereClause 和 whereArgs 参数（即代码中粗体部分）选择需要更新的行。whereClause 参数的“?”字符相当于占位符，而 whereArgs 参数包含一列字符串，它们会替换掉占位符。因为上面代码里只有一个占位符，所以相应的字符串数组长度为 1。如果用了多个占位符，它们就会按顺序被一列字符串替换。而如果将 whereClause 和 whereArgs 都设为 null，那么 UPDATE 语句会更新所有行。

表 5.2 展示了表 5.1 在运行完代码清单 5.3 后的结果。对 id 为 1 的行的修改已经通过粗体标出。

上面代码的 whereClause 仅用了单列匹配。其实在使用更新方法时，任何合法的 whereClause 都可以用来创建语句。

表 5.2 执行 update() 后的 person 表

first_name	last_name	id*
Robert	Smith	1
Ralph	Taylor	2
Sabrina	Anderson	3
Elizabeth	Hoffman	4
Abigail	Elder	5

SQLiteDatabase 里的两个更新方法都会返回一个整型数值，表示受 UPDATE 语句影响的行数。

行替换

除了插入和更新操作，SQLiteDatabase 还支持替换操作，即 SQLiteDatabase.replace() 方法。在 SQLite 里，替换操作相当于插入和更新操作的结合。如果表中尚未存在该行，就会插入新行；如果已经存在，就更新该行。

> **注**
>
> 更新操作跟它不同。如果表中并不存在该行，那么更新操作不会插入新行。

在 SQLiteDatabase 里存在 SQLiteDatabase.replace()和 SQLiteDatabase.replaceOrThrow()两个替换方法。这两种方法都采用相同的入参。

- String table：执行操作的表。
- String nullColumnHack：若 ContentValues 对象为空，则该参数所代表的列会被赋值为 null。
- ContentValues initialValues：需要插入表的值。

两种 replace() 方法返回一个 long 值，表示新增行的 row ID，如果出错，则返回 -1。在出错情况下，replaceOrThrow() 还会抛出异常。

代码清单 5.4 展示调用 SQLiteDatabase.replace() 。

代码清单 5.4　调用 `replace()` 方法实例

```
String firstName = "Bob";

ContentValues contentValues = new ContentValues();
contentValues.put("first_name", firstName);
contentValues.put("id", 1);

SQLiteDatabase db = getDatabase();
db.replace("people", null, contentValues);
```

表 5.3 展示执行代码清单 5.4 后的 people 表。注意，第一行 last_name 的属性是空的。这是因为执行 SQLiteDatabase.replace() 方法时发生了冲突。具体是指，传入该方法的 ContentValues 对象包含值为 1 的 id 属性，同时表中已经拥有 id 为 1 的行，所以会发生冲突。为了解决冲突，SQLiteDatabase.replace() 方法首先删除冲突行然后插入新行，新行的数据从 ContentValues 对象里取得。因为该对象只有 first_name 和 id 属性，所以新行也就只有这俩属性。

表 5.3　执行完 `replace()` 方法后的 `people` 表

first_name	**last_name**	**id***
Bob		1
Ralph	Taylor	2
Sabrina	Anderson	3
Elizabeth	Hoffman	4
Abigail	Elder	5

行删除

跟插入和更新操作不同，SQLiteDatabase 只有 SQLiteDatabase.delete(String table, String whereClause, String[] whereArgs)一个行删除方法。delete() 方法的入参跟 update() 方法相似。它有三个入参，分别是要删除行的表名、whereClause 及 whereArgs。跟 update() 的用法一样。whereClause 参数使用问号表示占位符，whereArgs 参数则包含填充占位符的值。代码清单 5.5 展示了 delete() 方法使用实例。

代码清单 5.5　`delete()` 使用实例

```
SQLiteDatabase db = getDatabase();
```

```
db.delete("people", "id = ?", new String[]{"1"});
```

代码清单 5.5 执行后的结果如表 5.4 所示，已经没有 id 为 1 的行了。

表 5.4 从表中删除一行

first_name	last_name	id*
Ralph	Taylor	2
Sabrina	Anderson	3
Elizabeth	Hoffman	4
Abigail	Elder	5

事务

前面讨论的插入、更新和删除都是对数据库表和数据行的操作。虽然它们自身都具备原子性（成功或失败），但当必须将多个操作组合到一起时也要确保该组合具有原子性。因为只有当且仅当组合里所有操作都能成功保证数据库完整性后，才能最终允许它们修改数据库。而数据库事务就是用来确保一组操作具备原子性的。以下是 Android SQLiteDatabase 类支持事务处理的方法。

- void beginTransaction()：开始事务。
- void setTransactionSuccessful()：标记该事务可以提交。
- void endTransaction()：如果 setTransactionSuccessful() 已经被调用，就结束事务并提交。

使用事务

事务开始的标志是调用 SQLiteDatabase.beginTransaction()，接着便是任何数据操作方法（insert()、update()、delete()），最后通过 SQLiteDatabase.endTransaction() 方法结束事务。同时为了将其标记为成功并允许提交所有操作，一定要在事务结束前调用 SQLiteDatabase.setTransactionSuccessful()。否则，会回滚事务并撤销所有操作。

因为 setTransactionSuccessful() 的调用与否会影响 endTransaction() 的执行结果，所以最好限制 setTransactionSuccessful() 和 endTransaction() 方法

之间非数据库操作的数量。此外，更不能在它们之间执行数据库操作。一旦调用 setTransactionSuccessful()，相应事务就会被标记为成功，即使 setTransaction() 之后出现异常也不会影响 endTransaction() 最终提交。

代码清单 5.6 展示如何使用事务。

代码清单 5.6　事务用法

```
SQLiteDatabase db = getDatabase();
db.beginTransaction();

try {
  // insert/update/delete
  // insert/update/delete
  // insert/update/delete
  db.setTransactionSuccessful();
} finally {
  db.endTransaction();
}
```

数据库操作及 setTransactionSuccessful() 调用都应该放到 try 块里面，并最终在 finally 块里执行 endTransaction() 操作。即使修改数据库过程中发生未处理异常，该事务也可以正常结束。

事务与性能

事务不仅可以保证数据完整性，还可以提高数据库性能。跟 Java 里任何操作一样，事务里每个 SQL 语句也有执行开销。虽然单个事务并不会给数据操作程序带来很大的开销，但问题是，每次调用 insert()、update() 及 delete() 都是在它们自己的事务中执行。也意味着，插入 100 条记录相当于启动 100 次单独的事务，它们一个接一个地开始、清理和关闭。若尝试调用大量数据操作方法，速度会大打折扣。

为了让多个数据操作尽快执行，通常是将它们组合成单个事务。如果在现存事务里调用 insert()、update()、delete() 方法，它们就不会被安排到自己单独的事务。因此，仅多添加几行代码，便可以明显提升数据操作的速度。通常，若将 100 次数据操作整合到单个事务里，速度便会提升 5 到 10 倍，而且性能还会随着操作数量及其复杂度的增加而提升。

查询

前文已经讨论了插入、更新及删除操作，那么数据库 CRUD 功能只剩下最后的查询数据。同样，SQLiteDatabase 拥有多个支持数据查询的方法。除一系列快捷查询方法外，它还支持使用标准 Java 字符串更灵活地构造“原始”查询。同时更有 SQLiteQueryBuilder 类协助生成复杂的查询，例如连接。

快捷查询方法

发起查询最简单的方法就是使用 SQLiteDatabase 的快捷查询方法。它们都是 SQLiteDatabase.query() 的重载方法，包含以下参数。

- String table：指定查询的表名。
- String[] columns：指定结果集包含的列名。
- String selection：指定查询语句的 WHERE 子句。该字符串会包含“?”字符，它们会被 selectionArgs 参数里的值替换。
- String[] selectionArgs：拥有 selection 参数“?”字符的替换值。
- String groupBy：控制如何对结果集分组，即 GROUP BY 子句。
- String having：SELECT 语句的 HAVING 子句，为分组或聚合操作指定搜索参数。
- String orderBy：对结果集排序，即 ORDER BY 子句。

table、columns 及 selection 参数的用法跟前面讨论的其他方法一样。不同的是，query() 方法还包含 GROUP BY、HAVING 及 ORDER BY 子句。它们为应用程序提供额外的查询定语，作用跟 SELECT 语句里的一样。

所有 query() 方法都会返回一个持有结果集的 Cursor 对象。代码清单 5.7 使用前面的 people 表查询。

代码清单 5.7 简单查询

```
SQLiteDatabase db = getDatabase();

Cursor result = db.query("people",
        new String[] {"first_name", "last_name"},
```

```
        "id = ?",
        new String[] {"1"},
        null,
        null,
        null);
```

代码清单 5.7 返回 id 为 1 的数据行，它包含 first_name 和 last_name 两列。代码里查询语句的 GROUP BY、HAVING 及 ORDER BY 为 null，这是因为其结果集只有一行。只有一行的结果集无法展示出这些子句的效果。

也可以将 columns 参数设为 null，此时它返回的结果集会包含所有列。通常，更好的做法是只返回想要的列，而不是返回所有列，然后弃用那些不需要的列。

若想返回所有行，只要将 selection 和 selectionArgs 参数设为 null。如代码清单 5.8 所示，该查询会返回所有行，同时根据 ID 降序排序。

代码清单 5.8　返回所有行

```
SQLiteDatabase db = getDatabase();

Cursor result = db.query("people",
        new String[] {"first_name", "last_name"},
        null,
        null,
        null,
        null,
        "id DESC");
```

原始查询方法

如果 query() 快捷方法不能保证充分的灵活性，当生成所需查询时，可以使用 SQLiteDatabase.rawQuery() 方法。跟前者一样，它也有一系列重载方法。但不同的是，它只要两个入参：一个 String 类型的是查询语句，一个 String[]参数用来替换占位符。代码清单 5.9 使用 rawQuery() 方法，效果跟代码清单 5.6 中的 query() 一样。

代码清单 5.9　使用 rawQuery() 方法

```
SQLiteDatabase db = getDatabase();
Cursor result = db.rawQuery("SELECT first_name, last_name " +
                            "FROM people " +
```

```
                              "WHERE id = ?",
        new String[] {"1"});
```

rawQuery() 也会返回一个 cursor 对象，其读取和处理方法跟之前一样。

rawQuery() 使应用程序拥有更多灵活性，例如使用关联、子查询、合并等其他 SQL 子句构造更加复杂的查询语句。但也意味着，开发者需要掌握使用 Java 代码（或者从字符串资源里读取）构造查询语句，可能会相当笨重。

为了协助构造更加复杂的查询，Android SDK 还提供了 SQLiteQueryBuilder 类。在下一章讨论 ContentProvider 时将会讲到它。

Cursor

Cursor 持有查询返回的结果集。它提供的 API 允许应用程序遍历结果集，并以类型安全的方式读取指定列。

读取 Cursor 数据

获得 cursor 对象后，应用程序需要不断遍历它并读取每行的列数据。在内部，它除存储所有数据行外，还有指向当前行的位置。在初始状态下，该位置指向第一行数据之前，即意味着从 cursor 读取数据前必须将其指向有效的数据行。

Cursor 类提供以下方法操纵内部位置的指向。

- boolean Cursor.move(int offset)：按位移量移动
- boolean Cursor.moreToFirst()：移动到第一行
- boolean Cursor.moveToLast()：移动到最后一行
- boolean Cursor.moveToNext()：移动到下一行
- boolean Cursor.moveToPosition(int position)：移动到指定行
- Cursor.moveToPrevious()：移动到上一行

每个移动方法都使用 boolean 返回值表示操作成功与否。这个对遍历 cursor 十分有帮助。

代码清单 5.10 展示如何读取 cursor，此时它包含 people 表的所有数据。

代码清单 5.10　读取 Cursor 对象的数据

```
SQLiteDatabase db = getDatabase();

String[] columns = {"first_name",
        "last_name",
        "id"};

Cursor cursor = db.query("people",
        columns,
        null,
        null,
        null,
        null,
        null);

while(cursor.moveToNext()) {
   int index;

   index  = cursor.getColumnIndexOrThrow("first_name");
   String firstName = cursor.getString(index);

   index = cursor.getColumnIndexOrThrow("last_name");
   String lastName = cursor.getString(index);

   index = cursor.getColumnIndexOrThrow("id");
   long id = cursor.getLong(index);

   //... do something with data
}
```

上述代码中使用 `while` 循环行遍历 cursor 对象。这种方式十分有用，它可以确保 cursor 在遍历期间处于可控状态。若其他地方也可以访问到 cursor（例如将 cursor 传入某个方法），那么访问前应当小心，可能它当前位置并不指向第一行前面。

Cursor 的位置指向有效行后，便可以开始读取该行的列数据了。上面用到 `Cursor.getColumnIndexOrThrow()` 及某个特定类型的 `get()` 方法。

`Cursor.getColumnIndexOrThrow()` 传入 `String` 参数表明读取的列。该参数必须是查询时传入的列名之一。如果它不在结果集中，方法就会抛出异常。`Cursor` 类还有个 `getColumnIndex()` 方法，未找到列时它不抛出异常，而是返回`-1`。

知道列对应的索引后，便可以将索引传给对应的 `get()` 方法，获取到当前行相应列的数据后，即可被应用程序使用。`Cursor` 类使用以下方法检索当前行。

- `byte[] Cursor.getBlob(int columnIndex)`：返回 `byte[]` 值
- `double Cursor.getDouble(int columnIndex)`：返回 `double` 值
- `float Cursor.getFloat(int columnIndex)`：返回 `float` 值
- `int Cursor.getInt(int columnIndex)`：返回 `int` 值
- `long Cursor.getLong(int columnIndex)`：返回 `long` 值
- `short Cursor.getShort(int columnIndex)`：返回 `short` 值
- `String Cursor.getString(int columnIndex)`：返回 `String` 值

管理 Cursor

Cursor 可能包含大量数据，例如数据库查询返回的所有数据。因此，需要在其不再被使用时及时回收以防内存泄漏。`Cursor` 类的 `close()` 方法就是为了完成此类任务，当 Activity 或 Fragment 不再需要 cursor 时应该调用此方法。

在 Android 3.0 以前，开发者只能自己维护 cursor。若 Activity 中用到 cursor，还要确保其在合适时机关闭 cursor。

但 Android 3.0 引入了 Loader 框架，帮 Activity 或 Fragment 管理 cursor。同时为了支持旧版本，Loader 还提供了兼容库。通过 Loader 框架，应用程序不再需要关心 cursor 管理细节。

CursorLoader

前面几节讨论了如何使用 `SQLiteDatabase` 的底层细节。在底层实现上，Android 数据库实际以文件的形式，存储在文件系统上，对数据库的访问涉及对文件的访问。为了应用程序能及时响应用户行为，应当避免直接在 UI 线程操作数据库。同时在非 UI 线程操作数据库又涉及异步机制，即何处请求数据库操作，将来又在何处获取返回的结果。另外，因为只能在 UI 线程更新视图，所以即使在非 UI 线程获取到数据，也要先切换回 UI 线程才能使用。

为了解决这种需要，在 UI 线程处理结果之前可能会长时间占用线程的代码，Android 提供了许多工具，Loader 框架就是其中之一。它包含有一个用来访问数据库的 Loader 组件，叫 CursorLoader。CursorLoader 不仅能根据 Activity 的生命周期维护 cursor ，还会在后台线程执行查询，再在主线程返回结果，十分便捷。

创建 CursorLoader

可能会在多个地方使用到 CursorLoader，它是为了处理 cursor 而专门设计的。CursorLoader 的典型用法是通过 ContentProvider 执行数据库查询，然后将获取的 cursor 返回给 Activity 或 Fragment。

> **注**
>
> 第 6 章将会讨论 ContentProvider，可以先把它看成是对 SQLiteDatabase 方法的抽象并将其从 Activity 或 Fragment 中分离出来，使 Activity/Fragment 不用直接访问 SQLiteDatabase。
> Activity 只要使用 LoaderManager 创建一个 CursorLoader ，便能在回调里接收到它的响应。

在使用 CursorLoader 前，Activity 会取得 LoaderManager 实例，接着 LoaderManager 会为它管理所有的 Loader 实例。

LoaderManager.initLoader() 方法被用来初始化 Loader ，它需要一个实现 LoaderManager.LoaderCallbacks 接口的对象。该接口包含以下方法。

- Loader <T>onCreateLoader(int id, Bundle args)
- void onLoadFinished(Loader<T>, T data)
- void onLoaderReset(Loader<T> loader)

LoaderCallbacks.onCreate() 负责创建并返回一个新的 Loader 对象。若在这个方法里创建、初始化并返回 CursorLoader 对象，后面就可以使用它了。该对象拥有（通过 ContentProvider）执行数据库查询所需的信息。

代码清单 5.11 实现了 onCreateLoader() 方法，并返回 CursorLoader 对象。

代码清单 5.11 实现 onCreateLoader()

```
@Override
public Loader<Cursor> onCreateLoader(int id, Bundle args) {
    Loader<Cursor> loader = null;

    switch (id) {
        case LOAD_ID_PEOPLE:
          loader = new CursorLoader(this,
                  PEOPLE_URI,
                  new String[] {"first_name", "last_name", "id"},
                  null,
                  null,
                  "id ASC");
          break;
  }

    return loader;
}
```

在代码清单 5.11 里，onCreateLoader() 方法首先检查 ID，并根据它实例化一个相应的 CursorLoader 实例后返回。

CursorLoader 构造方法的入参是为了方便它执行数据库查询，分别需要以下参数。

- Context context：提供 Loader 所需的应用程序上下文信息
- Uri uri：定义执行查询的表
- String[] projection：指定查询的 SELECT 子句
- String selection：指定 WHERE 子句，它里边包含“?”占位符
- String[] selectionArgs：为 selection 参数指定替换值
- String sortOrder：定义 ORDER BY 子句

上文中的后 4 个参数 projection、selection、selectionArgs 及 sortOrder 跟前几节讨论的 SQLiteDatabase.query() 参数一样。一旦数据导入完成后，Loader.Callbacks.onLoadFinished() 方法就会被调用，便可以使用 cursor 了。代码清单 5.12 实现了 onLoadFinished() 。

代码清单 5.12　实现 onLoadFinished()

```
@Override
public void onLoadFinished(Loader<Cursor> loader, Cursor data) {
  while (data.moveToNext()) {
      int index;

      index = data.getColumnIndexOrThrow("first_name");
      String firstName = data.getString(index);

      index = data.getColumnIndexOrThrow("last_name");
      String lastName = data.getString(index);

      index = data.getColumnIndexOrThrow("id");
      long id = data.getLong(index);

      //... do something with data
  }
}
```

注意，代码清单 5.12 跟代码清单 5.10 中直接调用 SQLiteDatabase.query() 的代码十分相似，对查询结果的处理更是一模一样的。同时，使用 LoaderManager 的话，Activity 还无须关心何时调用 Cursor.close() 及在非主线程执行数据库查询。这些 Loader 框架已经处理好了。

还有地方需要注意：onLoadFinished() 不仅在加载完初始数据后会被调用，数据库的数据出现变更时也会回调它。为了做到这点，只需要给 ContentProvier 多添加一行代码，这些将会在下一章讨论。在同个地方接收查询结果并更新界面真的十分方便，它允许 Activity 很轻松地对数据变更做出响应而无须开发者向 Acitivity 显式地通知数据变更。LoaderManager 还会自动维护生命周期，知道何时请求也知道何时回调 LoaderManager.Callbacks。

LoaderManger.Callbacks 接口还有一个需要实现的方法，即 LoaderManger.Callbacks. onLoaderReset(Loader<T>loader)。它会在旧 Loader 对象被重置，其数据不再会被使用时回调。对 CursorLoader 来说，通常意味着任何在 onLoadfinished() 获得对 cursor 的引用都要被丢弃，因为它们将不再可用。如果外部没有持有这些 cursor 对象，那么 onLoadReset() 方法的实现可以为空。

启用 CursorLoader

讨论完如何使用 CursorLoader 后，现在开始关注如何用 LoaderManager 执行数据加载操作。在大多数情况下，Activity 或 Fragment 实现了 LoaderManager.Callbacks 接口，因为它们处理 cursor 有利于直接更新界面。为了启用 Loader，需要先调用 LoaderManager.initLoader() 方法，接着回调 onCreateLoader() 并创建 Loader，然后加载数据，最后调用 onLoadfinished()。

Activity 和 Fragment 可以通过调用自带的 getLoaderManager() 方法获取到各自的 LoaderManger 对象。接着调用 LoaderManger.initLoader()，需要以下参数。

- int id：为 Loader 设置 ID。它会被传递给 onCreateLoader()，用来唯一标识 Loader（见代码清单 5.11）。
- Bundle args：创建 Loader 所需的额外数据。它也会被传递给 onCeateLoader()（见代码清单 5.11），可以设成 null。
- LoaderManger.LoaderCallbacks callbacks：LoaderManager 回调，通常是 Activity 或 Fragment 实现该接口。

在 Activity 生命周期里应当尽量早调用 initLoader()，一般会在 onCreate() 里调用，而 Fragment 应该在 onActivityCreated() 里调用。（在 Acitivity 还没创建之前调用 initLoader() 会出现异常。）

调用 initLoader() 后，LoaderManager 先会去检查传入的 ID 所对应的 Loader 是否已经存在。若不存在，LoaderManager 会调用 onCreateLoader()，并根据 ID 获取 Loader；而如果存在，就会直接使用现存的 Loader 对象，同时如果该 Loader 已经成功加载数据，就会直接调用 onLoadFinished()。这在 Acitivity.onConfigurationChanged() 时经常会发生。

注意一个细节，对于一个 ID，在 initLoader() 通过指定参数创建好 CursorLoader 后，再次调用 initLoader()，改变创建参数不会再次创建不同的 CursorLoader。一旦 Loader 完成创建（记住此时查询已经被用来定义 CursorLoader 了），后来的 initLoader() 只能复用这个对象。如果需要更改指定 ID 的 CursorLoader 的查询，需要调用 restartLoader()。

重启 CursorLoader

跟 LoaderManager.initLoader() 不同，LoaderManager.restartLoader() 使用传入的 ID 重建指定 Loader。然后 onCreateLoader() 会再次被调用，并创建一个全新的 CursorLoader 对象，该对象包含与之前不同的创建参数。LoaderManager.restartLoader() 需要的入参跟 initLoader() 一样，同时它会令 LoaderManager 丢弃原来的 Loader。若要根据不同的参数重新创建 CursorLoader ，可以使用 restartLoader() 重新创建，这个方法不是用来处理 Acitivity/Fragment 生命周期事件的，这些事 LoaderManager 已经帮忙完成了。

总结

本章接着第 4 章继续介绍了在 Android 中使用数据库的基本 API。通过使用 SQLiteDatabase 的 create()、insert()、update()、replace() 及 delete() 方法，应用程序可以操作一个内部数据库。此外，还可以调用 query() 和 rawQuery() 方法检索数据库数据。

查询数据会以 cursor 对象的形式返回，通过遍历它可以访问到结果集。

本章不仅介绍了相对较低级别的数据库操作，还介绍了高级别的组件。它们不仅可以使应用程序的系统组件忽略数据访问的细节，还可以提升用户交互体验。甚至可以让数据在不同的应用程序、不同的进程间传递，下一章会讨论 Content Provider ，并阐述这种概念。

第 6 章
Content Provider

本章会在前一章基础上，讨论如何使用 Content Provider 对内或对外共享数据，以及使用 Content Provider 的合适时机，并提供实现 Content Provider 的示例代码。

REST API

Content Provider 允许应用程序对内不同组件或对外不同应用程序暴露结构化数据。它提供了跟表述性状态转移（REST） 类型的 API，方便根据 URI 检索数据。

典型的 RESTful API 采用 URL 方案，并用 HTTP 方法检索和操作数据。例如，链接 4 指向服务端某类资源的所有数据。如果使用 HTTP GET 方法请求该 URL，服务端将会返回该资源的全部数据。若只想获取单个数据，只需将该数据的 ID 添加到 URL 后面。例如为了获取到 ID 为 17 的数据，客户端可以使用 GET 方法请求链接 5，服务端会以序列化格式返回该数据。

Content Provider 拥有类似交互，使用 URI 告知 Content Provider 该对哪些数据执行何种操作（查询、插入、更新、删除）。在通常情况下，Content Provider 也是根据上面描述的 RESTful 模式定义 URI。例如获取一组数据的基础 URI 是 content://someauthority/items，在其后面添加 ID 值便可获取到指定数据 content://someauthority/items/32。

> **注**
>
> URI 实际格式可以根据具体 Content Provider 调整，但应该遵循 Conten Provider 文档及 URI 规范。

URI

Content Provider URI 通常有以下格式。

- `content://authority/path`
- `content://authority/pahth/id`

URI 的第一部分（`content://`）称作 scheme，对于 URI，它始终是 `content://`。

接着是 authority 部分，它特定于 Android 设备上的单个 Content Provider，以便 Android 能根据请求路由到对应的 Content Provider。authority 字段是系统级别的，在避免命名冲突中它起到非常重要的作用。标准做法是使用应用程序包名加上`.provider`，确保其在 Android 设备上的唯一性。

然后是 path 部分，URI 通过它定位某类资源的所有数据合集。例如，将数据库作为数据支撑的 Content Provider 使用 path 指向数据库的具体表。

最后是 ID 部分，作为一行数据的唯一标志，通常 ID 是表的主键。ID 是可选的，若没有 ID，URI 表示 path 指向的所有数据合集。

暴露数据

Content Provider 可以暴露多种类型数据。此外，它还隐藏了数据存储和检索的细节。它有可能将数据存储到文件系统的数据库或者文件里，或甚至会从远程服务器检索数据。但接下来主要讨论一种相当普遍的方式，即使用 SQLite 数据库存储。

下一节还会讨论跟 Content Provider 通信相关的几个 API，并讲解在使用它们之前需要了解的一些概念。

`ContentProvider` 和 `ContentResolver` 是应用程序直接或间接使用 Content Provider API 时接触到的两个主要类，后面还会讨论它们的用法及它们之间如何交互。

方法实现

所有 Content Provider 都继承自 `android.content.ContentProvider`，并需要实现以下抽象方法。

- boolean onCreate()
- Uri insert(Uri uri, ContentValues values)
- int delete(Uri uri, String selection, String[] selectionArgs)
- String getType(Uri uri)
- Cursor query(Uri uri, String[] projection, String selection, String[] selectionArgs, String sortOrder)
- int update(Uri uri, ContentValues values, String selection, String[] selectionArgs)

onCreate()

onCreate() 是 Content Provider 生命周期的起始方法。跟 Android 其他组件一样，此处主要用来执行初始化。但必须注意，由于该方法是在主线程调用，所以一定不能在这里执行耗时任务。而且，跟其他组件不一样，Content Provider 的 onCreate() 方法调用时机是应用程序启动时候，而不是第一次被访问时。这意味着，如果该方法不能尽快完成执行，那么整个应用程序都会卡住。

若 Content Provider 用到 SQLite 数据库，则需要额外注意初始化数据库的时机。切记，数据库可能会在初始化时升级，这也表明 onCreate() 方法并不适合用来连接数据库，否则可能会因为升级数据库而影响应用程序启动速度。又由于数据库存储在磁盘，所以几乎可以肯定这样会拖慢整个应用程序的初始化过程。

onCreate() 方法返回值为 boolean 类型，代表是否初始化成功。true 表示成功，false 表示失败。

insert()

insert() 方法往数据库插入一行数据。

insert(Uri uri, ContentValues values)

它需要两个参数：一个是 URI 指向执行操作的表，另一个是 ContentValues 对象含有要插入的数据。插入数据完成后，该方法还会调用 ContentResolver.notifyChange() ，通知所有正在使用 content observer 的表监听该 URI 的组件，表数据已经变更。

ContentValues 含有要插入行的列名/值对，跟第 5 章 SQLiteDatabase.insert()

方法里的用法一模一样。

insert() 方法最终返回一个 URI 对象，指向新增行，方法调用者可以使用它检索到该新增数据行。

由于可能会在任何线程调用此方法，所以必须确保其线程安全。

delete()

ContentProvider.delete() 删除 uri 参数指向的资源：

delete(Uri uri, String selection, String[] selectionArgs)

uri 参数可能指向数据库表 (content://authority/table) 或某个数据行 (content://authority/table/id)。如果是第一种情况，那么 selection 和 selectionArgs 参数必须指定需要删除的行。

跟 ContentProvider.insert() 类似，ContentProvider.delete() 参数 selection 和 selectionArgs，跟 SQLiteDatabase.delete() 的完全用法一样。

该方法返回成功删除的行数。通常直接返回调用 SQLiteDatabase.delete() 执行实际操作后的值。

ContentProvider.delete() 也要注意线程安全问题，最后应该调用 ContentResolver.notifyChange() 告知所有观察者，表的数据发生变更。

getType()

根据 URI 返回对应 MIME 类型：

getType（Uri uri）

如果 URI 指向表（content://authority/table），应该以 vnd.android.cursor.dir/ 作为前缀；如果 URI 指向具体数据行 (content://authority/table/id)，则是 vnd.android.cursor.item。

前缀后面便是 authority 加表名。例如，如果输入 content://myAuthority/tableName/32，它的 MIME 类型应该是 vnd.android.cursor.item/myAuthority.tableName。

记得确保其线程安全。

> **注**
>
> 此处讨论的 MIME 类型适用于将数据库作为数据载体的 Content Provider，如果它的数据载体是文件，getType() 方法应该返回文件的 MIME 类型。

query()

Content Provider 使用 query() 方法执行查询指令。

```
query(Uri uri,
      String[] projection,
      String selection,
      String[] selectionArgs,
      String sortOrder)
```

使用 URI 参数指定需要查询的表，其他参数的用法跟 SQLiteDatabase.query() 和 SQLiteQueryBuilder 的用法一样。ContentProvider.query() 可以直接返回 SQLiteDatabase.query() 或 SQLiteQueryBuilder 查询后的 cursor 对象。

同上，ContentProvider.query() 方法可能会在任何线程上调用。

update()

update() 方法根据 URI 执行更新操作：

```
update(Uri uri,
       ContentValues values,
       String selection,
       String[] selectionArgs)
```

本方法跟 SQLiteDatabase.update() 用法一样，最后应该调用 CotentResolver.notifyChange() 通知观察者表出现变动。同样，记得注意线程安全。

bulkInsert() 和 applyBatch()

前面讨论的方法都是抽象方法，是必须实现的，否则会编译错误。以下是两个可选重写的方法：

- int bulkInsert(Uri uri, ContentValues[] values)
- ContentProviderResult applyBatch(ArrayList operations)

虽然这两个方法都可以用来操作数据库，但问题是它们默认未实现事务支持，意味着它们都不具备原子性。根据第 5 章内容所述，若不用事务把多个操作合起来，那么每个数据库操作都会启动一个独立事务。在运行时会对性能产生严重的影响，减慢服务。

为了解决这个问题，只需覆盖并在事务里调用其父类的相应方法。代码清单 6.1 展示了这种做法。

代码清单 6.1　为 bulkInsert() 和 applayBatch() 添加事务支持

```
@Override
public int bulkInsert(Uri uri, ContentValues[] values) {
    final SQLiteDatabase db = helper.getWritableDatabase();

    db.beginTransaction();

    try {
        final int count = super.bulkInsert(uri, values);
        db.setTransactionSuccessful();

        return count;
    } finally {
        db.endTransaction();
  }
}

@Override
public ContentProviderResult[] applyBatch(ArrayList<ContentProviderOperation> operatio
ns)
        throws OperationApplicationException {
    final SQLiteDatabase db = helper.getWritableDatabase();

    db.beginTransaction();

    try {
        final ContentProviderResult[] results = super.applyBatch(operations);
        db.setTransactionSuccessful();

        return reuslts;
    } finally {
        db.endTransaction();
  }
}
```

除了需要继承 android.content.ContentProvider 并实现必要的方法外，还需要在应用程序 AndroidMenifest 中注册该 Content Provider 实现类。代码清单 6.2 是 Content Provider 实现类的注册信息。

代码清单 6.2　AndroidMenifest 里的 Content Provider

```
<provider
    android:name=".provider.MyProvider"
    android:authorities="com.example.provider"
    android:exported="false"/>
```

<provider>元素通过 android:name 属性声明了一个 MyProvider 类，接着通过 android:authorities 属性为其分配 authority，然后 android:export 属性定义是否向外部应用程序暴露 Content Provider。上面的 Content Provider 没有对外暴露，后面会讨论对外暴露的情况。

实现 android.content.ContentProvider 并在 AndroidMenifest 注册后，应用程序便可以使用 Content Resolver 访问 Content Provider 了。

Content Resolver

通常不会直接调用 Content Provider 方法（如 insert、update、delete、query），而是用 Content Resolver 向 Content Provider 转发具体操作。首先调用 Context.getResolver() 方法获取 Content Resolver 实例，接着便可以调用 Content Resolver 方法，Content Resolver 会调用目标 Content Provider 的对应方法。Content Resolver 拥有以下方法。

- `Uri insert(Uri uri, ContentValues value)`
- `int delete(Uri uri, String selection, String[] selectionArgs)`
- `String getType(Uri uri)`
- `Cursor query(Uri uri, String[] projection, String selection, String[] selectionArgs, String sortOrder)`
- `int update(Uri uri, ContentValues value, String selection, String[] selectionArgs)`
- `int bulkInsert(Uri uri, ContentValues[] values)`

- ContentProviderResult[] applyBatch(String authority, ArrayList < Content Provider Operation>operations)

注意 Content Resolver 的方法和 Content Provider 上相同签名的方法一一对应。这样 Content Resolver 便可以将其参数传递给 Content Provider 的方法。

使用 Content Resolver 作为代理比直接调用 Content Provider 更好的原因是，Content Resolver 的方法封装了跨进程对 Content Provider 调用。这样便可允许应用程序进行跨进程方法调用而不必担心序列化和反序列化数据这些细节。跨进程支持允许应用程序实现 Content Provider 后被另一个应用程序调用，此外，这种特性允许单个应用程序在两个不同的进程里执行且能轻松读取、写入及操作数据。

对其他应用程序暴露 Content Provider

上一节代码中创建的 Content Provider 适合大多数场景，但为了允许 Content Provider 对外部应用程序暴露数据，还有一个细节需要配置。回顾代码清单 6.2，将 `android:exported` 配置为 `false` 便会禁止 Content Provider 向外部应用程序暴露。所以只要将 `exported` 属性改为 `true` ，其他应用程序便可以使用 Content Provider 了。此外，为了控制外部访问权限，还需要为其分配权限。

在默认情况下，除非在`<Provider>`元素下声明了权限模块，否则 Content Provider 一旦对外暴露，所有外部应用程序都可以拥有其读写权限。因为不同类型权限对数据的操作访问粒度不同，所以开发者首先要决定为 Content Provider 分配哪种类型的权限。

同时，通过使用权限，让用户拥有了决定其他应用程序是否可访问 Content Provider 数据的能力。得力于 UI 的帮助，用户可以获知哪个应用在请求数据相关权限并能决定其是否可以获取到该权限。

Provider 级权限

应用程序可以为整个 Content Provider 声明读/写权限。如果外部应用拥有该权限，便可以读取和写入任何数据。在 App 的 manifest 文件中，`<Provider>`元素下的 `android:permission` 属性控制着这种顶级权限。

单独读写权限

为 Content Provider 添加不同读/写权限，可以提高应用程序对数据访问的控制。跟直接为整个 Content Provider 声明一个读/写权限不同，应用程序也可以为读/写操作声明不同的权限。

应用程序可以在<Provider>元素下使用 android:readPermission 属性声明读权限，用 android:writePermission 属性声明写权限。基于此，应用程序可以做到仅允许读取而禁止写入操作。

相对于android:permission，android:readPermission 和android:writePermission 拥有更高优先级。

URI 路径权限

该权限允许 Content Provider 单独为 URI 里的不同路径设置权限，使 Content Provider 可以选择性暴露其数据的一部分。路径权限使用<path-permission>元素定义，它拥有以下属性。

- android:pahth: 根据完整路径匹配 URI。
- android:pathPrefix: 匹配路径的前缀，用在多个 URI 路径有相同前缀的情况。
- android:pathPattern: 通过模板匹配受影响路径。
- android:permission: 为受影响路径分配的权限声明，它同时影响读写行为，但会被下面的 android:readPermission 及 android:writePermission 覆盖。
- android:readPermission: 读取匹配路径所需要权限。
- android:writePermission: 写入匹配路径所需要权限。

Content Provider 权限

为了将权限跟 Content Provider 具体的行为关联，应用程序经常会为 Content Provider 声明单独的权限。这些权限跟 Content Provider 通用的权限不一样，是为单个 Content Provider 定制的，这样可实现对数据访问的完全控制。

给 Content Provider 定义新的权限需要应用程序在<manifest>下添加<permission>元素，它包含以下属性。

- android:description：描述，用它来告诉用户开启该权限会带来哪些影响。
- android:icon：图标。
- android:label：命名，它在 Android 里应该是唯一的，所以最好应该用应用包名作为它的前缀（com.example.myapp.mypermission）。
- android:permissionGroup：所属群组，选填。
- android:protectionLever：危险级别，该属性帮助应用程序指定哪些外部应用程序可以获得该权限。
  - normal：对系统、用户或者其他应用程序来说是低危险性的，默认值。
  - dangerous：允许执行高危险性操作，例如将用户私人信息暴露给外部应用。
  - signature：仅能授予给拥有相同证书的应用程序。
  - signatureOrSystem：仅授予给拥有相同证书的应用程序或者系统程序，设备提供商经常会用到。

代码清单 6.3 展示在 AndroidMenifest 文件里声明两个权限，并把它们分配给 Content Provider。

代码清单 6.3 声明 Content Provider 权限

```
<permission
    android:description="@string/permission_description_read_devices"
    android:name="me.adamstroud.devicedatabase.provider.READ_DEVICES" />

<permission
    android:description="@string/permission_description_write_devices"
    android:name="me.adamstroud.devicedatabase.provider.WRITE_DEVICES" />
<application
    android:allowBackup="true"
    android:icon="@mipmap/ic_launcher"
    android:label="@string/app_name"
    android:supportsRtl="true"
    android:theme="@style/AppTheme"
    android:name=".DeviceDatabaseApplication">
<provider
    android:name=".provider.DevicesProvider"
    android:authorities="${applicationId}.provider"
```

```
    android:exported="false"
    android:readPermission="me.adamstroud.devicedatabase.provider.READ_DEVICES"
    android:writePermission="me.adamstroud.devicedatabase.provider.WRITE_DEVICES"/>
```

Content Provider 合约类

合约类定义了 Content Provider 用到的表及数据行，提供合约类可以方便外部访问 Content Provider 的数据。

查询 Content Provider 需要指定的 URI 及返回列。但对于 Content Provider 来说，数据库结构，特别是表名和列名都是它内部的细节，并不需要外部关心。

合约类不仅可以用来定义 URI，还可以提供 Content Provider 数据结构的细节，并可以将合约类看作对外提供的 API，方便外部应用程序访问 Content Provider。外部应用程序引入合约类后，便可以很方便地使用 Content Provider 的 API。

定义 Content Provider 合约类最简单的方法是使用公有访问权限存放常量，这样无论是内部应用组件还是外部应用程序，都可以轻松访问到。

代码清单 6.4 展示了一个实现合约类的例子。

代码清单 6.4　实现合约类

```
public final class DevicesContract {
    public static final String AUTHORITY =
            String.format("%s.provider", BuildConfig.APPLICATION_ID);

    public static final Uri AUTHORITY_URI = new Uri.Builder()
            .scheme(ContentResolver.SCHEME_CONTENT)
            .authority(AUTHORITY)
            .build();

    public interface Device extends BaseColumns {
        /* default */ static final String PATH = "device";
        public static final String MODEL = "model";
        public static final String NICKNAME = "nickname";
        public static final String MEMORY_MB = "memory_mb";

        public static final String DISPLAY_SIZE_INCHES =
                "display_size_inches";
```

```
        public static final String MANUFACTURER_ID = "manufacturer_id";

        public static final Uri CONTENT_URI =
                Uri.withAppendedPath(AUTHORITY_URI, PATH);
    }

    public interface Manufacturer extends BaseColumns {
        /* default */ static final String PATH = "manufacturer";
        public static final String SHORT_NAME = "short_name";
        public static final String LONG_NAME = "long_name";

        public static final Uri CONTENT_URI =
                Uri.withAppendedPath(AUTHORITY_URI, PATH);
    }

    public interface DeviceManufacturer extends Device, Manufacturer {
        /* default */ static final String PATH = "device-manufacturer";
        public static final String DEVICE_ID = "device_id";
        public static final String MANUFACTURER_ID = "manufacturer_id";

        public static final Uri CONTENT_URI =
                Uri.withAppendedPath(AUTHORITY_URI, PATH);
    }
}
```

注意，代码清单 6.4 的合约类提供了调用 Content Provider 时需要用到的所有信息，包括 Content Provider 的 Authority URI 及数据的逻辑结构（在其内部的实现类里）。因为 Content Provider 暴露的数据存储在数据库，所以合约类里的每个内部实现类就表示数据库的一张表，大大方便外部应用程序访问 Content Provider 的数据。

代码清单 6.5 展示如何借助合约类往数据库插入数据。

代码清单 6.5　借助合约类插入数据

```
final ContentValues contentValues = new ContentValues();

final String modelValue =
        modelView.getEditText().getText().toString();

final String nicknameValue =
```

```
        nicknameView.getEditText().getText().toString();

contentValues.put(DevicesContract.Device.MODEL, modelValue);
contentValues.put(DevicesContract.Device.NICKNAME, nicknameValue);

getContentResolver().insert(DevicesContract.Device.CONTENT_URI,
                            contentValues);
```

因为合约类可以被当成是 Content Provider 的 API，所以在修改合约类前一定要考虑清楚，否则将新合约类用到旧客户端时可能会导致异常，十分头疼。

允许外部程序访问

我们已经了解到，Content Provider 若要对外部暴露数据，需要配置权限，并提供协议类方便其他应用程序使用，现在还有一项配置需要做。

回顾代码清单 6.2，`<Provider>`元素里有个属性可以决定是否对外暴露 Content Provider，在代码清单 6.2 里配置的 Content Provider 是不对外暴露的，但只要把 `android:exported` 属性改成 `true`，应用程序便会对外暴露 Content Provider。如代码清单 6.6 所示。

代码清单 6.6　配置 ContentProvider 对外暴露

```
<provider
    android:name=".provider.MyProvider"
    android:authorities="com.example.provider"
    android:exported="true" />
```

现在，对外暴露 Content Provider 的所有配置都已经讨论完了。如果 Content Provider 无须对外暴露，仅在应用内部使用，那么开发者还可以用到额外的一些 API。

实现 Content Provider

前面主要讨论 Content Provider 的 API、AndroidMenifest 配置及如何访问它们。接下来我们将开始讨论如何实现 Content Provider，并剖析示例应用 Content Provider 的代码。

在第 4 章中，设备应用通过 `DevicesProvider` 对外暴露数据，它包含两个表，分别是 `device` 和 `manufacturer`。此外，由于可能还有同时需要两个表信息的需求，所以

DevicesProvider 已经实现了 INSERT JOIN 操作，可以直接使用。

继承 android.content.ContentProvider

实现 Content Provider 首先需要继承 android.content.ContentProvider 并实现它的抽象方法。代码清单 6.7 展示了 DevicesProvider 所有的常量和成员变量。

代码清单 6.7 Content Provider 声明

```
public class DevicesProvider extends ContentProvider {
    private static final String TAG =
            DevivesProvider.class.getSimpleName();

    private static final int CODE_ALL_DEVICES = 100;
    private static final int CODE_DEVICE_ID = 101;
    private static final int CODE_ALL_MANUFACTURERS = 102;
    private static final int CODE_MANUFACTURER_ID = 103;
    private static final int CODE_DEVICE_MANUFACTURER = 104;

    private static final SparseArray<String> URI_CODE_TABLE_MAP =
            new SparseArray<>();
    private static final UriMatcher URI_MATCHER =
            new UriMatcher(UriMatcher.NO_MATCH);

static {
    URI_CODE_TABLE_MAP.put(CODE_ALL_DEVICES,
            DevicesOpenHelper.Tables.DEVICE);

    URI_CODE_TABLE_MAP.put(CODE_DEVICE_ID,
            DevicesOpenHelper.Tables.DEVICE);

    URI_CODE_TABLE_MAP.put(CODE_ALL_MANUFACTURERS,
            DevicesOpenHelper.Tables.MANUFACTURER);

      URI_CODE_TABLE_MAP.put(CODE_MANUFACTURER_ID,
            DevicesOpenHelper.Tables.MANUFACTURER);

      URI_MATCHER.addURI(DevicesContract.AUTHORITY,
            DevicesContract.Device.PATH,
            CODE_ALL_DEVICES);
```

```
        URI_MATCHER.addURI(DevicesContract.AUTHORITY,
                DevicesContract.Device.PATH + "/#",
                CODE_DEVICE_ID);

        URI_MATCHER.addURI(DevicesContract.AUTHORITY,
                DevicesContract.Manufacturer.PATH,
                CODE_ALL_MANUFACTURERS);

        URI_MATCHER.addURI(DevicesContract.AUTHORITY,
                DevicesContract.Manufacturer.PATH + "/#",
                CODE_MANUFACTURER_ID);

        URI_MATCHER.addURI(DevicesContract.AUTHORITY,
                DevicesContract.DeviceManufacturer.PATH,
                CODE_DEVICE_MANUFACTURER);
    }

    private DevicesOpenHelper helper;
    public DevicesProvider() {
        // 留空，不操作
    }
```

清单里的常量是用来处理 URI 的。之前也讨论过，Content Provider 需要将传入的 URI 映射成正确的表，所以 `DevicesProvider` 使用整型常量将 URI 映射到具体表。首先将它们注册到 `URI_MATCHER` 中，后面匹配 URI 时会用到。

`URI_CODE_TABLE_MAP` 作为 URI 和表名映射的桥梁，方便通过 URI 查找表名。一些 `Content Provider` 的方法，比如 `insert()`，在不同的地方调用时的区别仅仅在于所要操作的表名。`URI_CODE_TABLE_MAP` 这样的映射常量存在，可大大简化重复代码。

接着在 static 块里初始化了 `URI_CODE_TABLE_MAP` 和 `URI-MATCHER`，为后面根据 URI 执行表操作时使用做准备。

创建 `URI_MATCHER` 时的入参为 `UriMatcher.NoMATCHER`。`URI_MATCHER` 将 URI 或者 URI 模式映射成一个整型数值，如果匹配失败，就会返回 `UriMatcher.NO-MATCHER`，表示 Devices Provider 不支持该 URI。

实例化 `URI_MATCHER` 后，便可以使用 `addUri()` 方法配置 URI 和整型数值的映射关系。`UriMatcher.addUri()` 可以同时将具体 URI 或某个 URI 模式映射到一个整型数值，这两种 static 块中都使用到。它同时支持指向整个表的 URI（content://authority/path）及指向行（content://authority/path/id）的 URI。static 块使每张表都支持这两种匹配。

代码清单 6.8 展示将 URI 映射成表的代码。

代码清单 6.8　UriMatcher 映射

```
URI_MATCHER.addURI(DevicesContract.AUTHORITY,
    DevicesContract.Device.PATH,
    CODE_ALL_DEVICES);

URI_MATCHER.addURI(DevicesContract.AUTHORITY,
    DevicesContract.Device.PATH + "/#",
    CODE_DEVICE_ID);
```

第一个 UriMatcher.addUri() 方法匹配的 URI 指向整张 device 表，一般会在查询时候用到。

第二个 UriMatcher.addUri() 方法用来匹配指向 device 表单个数据行的 URI。这是通过传入形如 content://authority/path/# 的 URL 实现的。

用来匹配主键为数值的情况，device 表的主键 (column_id) 就是数值。所以这种 URI 模式可用于匹配 URI 路径后面是设备 ID 的情况。

> **注**
>
> UriMatcher.addUri() 也可以用来匹配这种模式，content://authority/path/*表示匹配 path 后面有任意文本的 URI，但这里并不需要用到。

然后，helper 成员变量持有 DevicesOpenHelper 对象的引用，可以用它操作数据库。

代码清单 6.9 展示 DevicesProvider.onCreate() 的实现。

代码清单 6.9　实现 DevicesProvider.onCreate()

```
@Override
public boolean onCreate() {
    helper = DevicesOpenHelper.getInstance(getContext());
    return true;
}
```

因为应用启动时会在主线程调用 onCreate() 方法，所以应该避免在这里执行耗时任务。上面仅仅是获取 DevicesOpenHelper 的单例，而不会真正打开数据库，所以这段代码可以安全地在主线程执行，因为它耗时很短。

现在已经讲解完创建和初始化 DevicesProvider 的代码，下面主要关注 DevicesProvider 更加有趣的部分，实现 增、删、改、查的方法。

insert()

代码清单 6.10 实现 insert() 方法。

代码清单 6.10 实现 insert()

```
@Override
public Uri insert(@NonNull Uri uri, ContentValues values) {
    long id;
    final int code = URI_MATCHER.match(uri);
    switch (code) {
        case CODE_ALL_DEVICES:
        case CODE_ALL_MANUFACTURERS:
            id = helper.getWritableDatabase()
                    .insertOrThrow(URI_CODE_TABLE_MAP.get(code)),
                            null,
                            values);
            break;
        default:
            throw new IllegalArgumentException("Invalid Uri: " + uri);
    }

    getContext().getContentResolver().notifyChange(uri, null);
    return ContentUris.withAppendedId(uri, id);
}
```

Content Provider 里无论是哪个方法，只要读取或写入数据库都需要先根据传入的 URI 参数找到对应的表，这也是 URI_MATCHER 的职责，UriMatcher.match() 返回该 URI 所对应的整型值。

接着通过整型值确定所需操作的表，这里仅支持对数据库现存的两张表进行操作，对于其他无效 URI，insert() 方法会抛出异常作为响应。而 URI 匹配成功后，便会通过 URI_CODE_TABLE_MAP 找到具体表，接着调用 SQLiteDatabase.insertOrThrow() 尝试插入 values。

数据插入完成后，通过 ContentResolver.notifyChange() 告知所有观察者该 URI 对应的数据库出现变动。

第 5 章提到，SQLiteDatabase.insertOrThrow() 方法会返回一个长整型数值表示新增数据行的 ID。用该 ID 组装一个 URI 表示该新增行。所有 ContentUris.withAppendedId() 的作用就是将基础 URI 和具体 ID 整合一个新的 URI，最后返回该 URI。

delete()

delect() 方法也是通过 UriMatcher 将 URI 转换成整型值，但这里它要同时支持两种指向的 URI，分别指向表（content://authority/path）及指向具体行（content://authority/path/id)。delete() 方法实现如代码清单 6.11 所示。

代码清单 6.11　实现 delete()

```
@Override
public int delete(@NonNull Uri uri,
                  String selection,
                  String[] selectionArgs) {
    int rowCount;
    final int code = URI_MATCHER.match(uri);

    switch (code) {
    case CODE_ALL_DEVICES:
    case CODE_ALL_MANUFACTURERS:
        rowCount = helper.getWritableDatabase()
                .delete(URI_CODE_TABLE_MAP
                .get(code),
                        selection,
                        selectionArgs);
        break;
    case CODE_DEVICE_ID:
    case CODE_MANUFACTURER_ID:
      if (selection == null && selectionArgs == null) {
          selection = BaseColumns._ID + " = ?";

          selectionArgs = new String[] {
              uri.getLastPathSegment()
```

```
        };
        rowCount = helper.getWritableDatabase()
                .delete(URI_CODE_TABLE_MAP.get(code),
                        selection,
                        selectionArgs);
        } else {
          throw new IllegalArgumentException("Selection must be " +
                  "null when specifying ID as part of uri.");
        }
        break;
    default:
         throw new IllegalArgumentException("Invalid Uri: " + uri);
    }

    getContext().getContentResolver().notifyChange(uri, null);
    return rowCount;
}
```

ContentProvider.delete() 实现思路跟 ContentProvider.insert() 方法相似，都是通过 URI_MATCHER 找到相应表后对该表执行具体命令。但不同的是，这里还需要支持单独删除一行。

在代码清单 6.11 的 switch 块里，指向不同表的 URI 合并到一起处理，因为它们两者的区别只有表名不同而已。如果调用 SQLiteDatabase.delete() 方法没有传入 selection 参数，那么数据库会删除该表所有数据。SQLiteDatabase.delete() 方法传入的具体值是通过 ContentProvider.delete() 转发的。

若 URI 指向具体数据行，ContentProvider.delete() 方法为了找到该数据行的 ID，需要做些额外工作。这里是通过调用 Uri.getLastPathSegment() 实现的，它会返回 URI 路径最右边部分，因为前面已经规定 URI 格式为 content://authority/path/id，所以路径最后部分就是 ID。

然后构建一个 selection 语句，连同 ID 传给 SQLiteDatabase.delete() 方法。接着将 SQLiteDatabase.delete() 方法返回值赋给一个变量，并最终作为 ContentProvider.delete() 方法的返回值，表示被删除的行数。

当 URI 指向具体数据行时，还会检查 selection 和 selectionArgs 是否为 null，若 URI 和 selection 参数指向不同的话，就会导致语句表达混乱。为了避免出现这种情况，会直接抛出异常以防数据被意外删除。

delete() 方法最后调用 ContentResolver.notifyChange()，跟前面一样，通知所有观察者数据库变更。

update()

代码清单 6.12 实现 ContentProvider.update() 方法。

代码清单 6.12　实现 update()

```
@Override
public int update(@NonNull Uri uri,
                ContentValues values,
                String selection,
                String[] selectionArgs) {
  int rowCount;

  final int code = URI_MATCHER.match(uri);
  switch (code) {
      case CODE_ALL_DEVICES:
      case CODE_ALL_MANUFACTURERS:
      rowCount = helper
              .getWritableDatabase()
              .update(URI_CODE_TABLE_MAP.get(code),
                      values,
                      selection,
                      selectionArgs);
      break;
  case CODE_DEVICE_ID:
  case CODE_MANUFACTURER_ID:
       if (selection == null
               && selectionArgs == null) {
          selection = BaseColumns._ID + " = ?";
          selectionArgs = new String[] {
          uri.getLastPathSegment()
       };
  } else {
       throw new IllegalArgumentException("Selection must be " +
           "null when specifying ID as part of uri");
  }
  rowCount = helper
```

```
            .getWritableDatabase()
            .update(URI_CODE_TABLE_MAP.get(code)),
                    value,
                    selection,
                    selectionArgs);
        break;

    default:
        throw new IllegalArgumentException("Invalid Uri: " + uri);
    }

    getContext().getContentResolver().notifyChange(uri, null);
    return rowCount;
}
```

ContentProvider.update() 方法跟 ContentProvider.delete() 相似，它们都会用 UrMatcher.match()方法找到相应的数据，它们都要支持匹配所有数据或仅仅单独一行。这两者唯一的不同是 ContentProvider.update() 调用的是 SQLiteDatabase.update() 方法。

最后也一样，调用 ContentResolver.notifyChange() 通知观察者，并返回受影响的行数。

query()

接下来讨论 query() 方法，如代码清单 6.13 所示。

代码清单 6.13 实现 query()

```
@Override
public Cursor query(@NonNull Uri uri,
                    String[] projection,
                    String selection,
                    String[] selectionArgs,
                    String sortOrder) throws IllegalArgumentException {
    Cursor cursor;
    if (projection == null) {
        throw new IllegalArgumentException("Projection can't be null");
    }

    sortOrder = (sortOrder == null ? BaseColumns._ID : sortOrder);
```

```
SQLiteDatabase database = helper.getReadableDatabase();

final int code = URI_MATCHER.match(uri);
switch (code) {
case CODE_ALL_DEVICES:
case CODE_ALL_MANUFACTURERS:
    cursor = database.query(URI_CODE_TABLE_MAP.get(code),
            projection,
            selection,
            selectionArgs,
            null,
            null,
            sortOrder);
    break;
case CODE_DEVICE_ID:
case CODE_MANUFACTURER_ID:
    if (selection == null) {
        selection = BaseColumns._ID
                +"="
                + uri.getLastPathSegment();
    } else {
        throw new IllegalArgumentException("Selection must " +
                "be null when specifying ID as part of uri.");
    }
    cursor = database.query(URI_CODE_TABLE_MAP.get(code),
            projection,
            selection,
            selectionArgs,
            null,
            null,
            sortOrder);
    break;
case CODE_DEVICE_MANUFACTURER:
    SQLiteQueryBuilder builder = new SQLiteQueryBuilder();

    builder.setTables(String
            .format("%s INNER JOIN %s ON (%s.%s=%s.%s)",
            DevicesOpenHelper.Tables.DEVICE,
            DevicesOpenHelper.Tables.MANUFACTURER,
            DevicesOpenHelper.Tables.DEVICE,
            DevicesContract.Device.MANUFACTURER_ID,
            DevicesOpenHelper.Tables.MANUFACTURER,
```

```
            DevicesContract.Manufacturer._ID));

    final Map<String, String> projectionMap = new HashMap<>();
    projectionMap.put(DevicesContract.DeviceManufacturer.MODEL,
                DevicesContract.DeviceManufacturer.MODEL);

    projectionMap
            .put(DevicesContract.DeviceManufacturer.SHORT_NAME,
            DevicesContract.DeviceManufacturer.SHORT_NAME);

    projectionMap.put(DevicesContract
            .DeviceManufacturer.DEVICE_ID,
            String.format("%s.%s AS %s",
                    DevicesOpenHelper.Tables.DEVICE,
                    DevicesContract.Device._ID,
                    DevicesContract.DeviceManufacturer.DEVICE_ID));

    projectionMap.put(DevicesContract.DeviceManufacturer.MANUFACTURER_ID,
                String.format("%s.%s AS %s",
                        DevicesOpenHelper.Tables.MANUFACTURER,
                        DevicesContract.Manufacturer._ID,
                        DevicesContract
                                .DeviceManufacturer.MANUFACTURER_ID));

    builder.setProjectionMap(projectionMap);

    cursor = builder.query(database, projection,
            selection,
            selectionArgs,
            null,
            null,
            sortOrder);
    break;
default:
    throw new IllegalArgumentException("Invalid Uri: " + uri);
}
```

DevicesProvider.query() 方法首先检查 sortOrder 参数是否为 null，如果为 null，则默认结果集根据 ID 排序。

接着，在 query() 方法中，通过 URI_MATCHER 找出 uri 参数对应的数据，这点和 insert()、update()、delete() 类似。如果 uri 参数指向整张表，则直接调用

SQLiteDatabase.query() 方法；但如果 URI 指向单个数据行，则需要检查 selection 和 selectionArgs 这两个参数是否为 null。

如果制定了 ID 同时还传入了 selection 参数，则会导致查询语义模糊，与 update() 和 delete() 一样，这时会直接抛出异常而不是试图去解析可能冲突的查询参数。

SQLiteDatabase.query() 返回 cursor 之前会调用 cursor.setNotificationUri() 方法，以便 cursor 监听该方法，因为URI 参数对应数据的变化，所以开发者可以通过 cursor 对象持续获取数据变更而无须重新请求。

到此，DevicesProvider.query() 方法逻辑其实跟 insert()、update() 和 delete() 方法没多大区别，都是先通过 URI_MATCHER 确定 URI 参数对应的数据后，再执行操作的，同时也是通过 switch 块直接跳到相应 case 块下执行的。

不同的是，因为有时会同时查两张表，所以 query() 方法需要支持对 device 和 manufacturer 进行 INNER JOIN 操作。当 URI 匹配到 CODE_DEVICE_MANUFACTURER 时，这个逻辑处理在 switch 语句中。

这个层面的抽象，使得 content provider 可执行复杂的查询，DevicesContract.DeviceManufacturer.CONTENT_URI 实际执行的是将 device 和 manufacturer 进行了 join 查询，并返回相应的 cursor 对象。代码清单 6.14 是 DevicesContract.DeviceManufacturer 这个类的实现。

代码清单 6.14 DevicesContract.DeviceManufacturer 继承多个 Contract 类

```
public interface DeviceManufacturer extends Device, Manufacturer {
    /* default */ static final String PATH = "device-manufacturer";
    public static final String DEVICE_ID = "device_id";
    public static final String MANUFACTURER_ID = "manufacturer_id";

    public static final Uri CONTENT_URI = Uri.withAppendedPath(AUTHORITY_URI, PATH);
}
```

注意 DeviceManufacturer 接口同时继承 device 和 manufacturer，这也意味着开发者直接通过该类可以同时获取到两张表的列名。但有个列名混淆问题需要解决，因为原本两张表都有相同的 ID 列名。

关于 query() 方法，还需要注意的细节是 SQLiteQueryBuilder 的用法。虽然 SQLiteDatabase.query() 方法可以便捷地进行简单查询，但对于更高级的查询来说，

SQLiteDatabase.query() 很难使用，因为它通常需要连接大量字符串构造查询语句。而 SQLiteQueryBuilder 的目标就是用 Java 语句构造复杂查询。

DeviceProvider.query() 方法使用 SQLiteQueryBuilder 创建 INNER JOIN 查询，下面就是代码清单 6.14 里创建并初始化 SQLiteQueryBuilder 的代码片段。

```
SQLiteQueryBuilder builder = new SQLiteQueryBuilder();

builder.setTables(String.format("%s INNER JOIN %s ON (%s.%s=%s.%s)",
        DevicesOpenHelper.Tables.DEVICE,
        DevicesOpenHelper.Tables.MANUFACTURER,
        DevicesOpenHelper.Tables.DEVICE,
        DevicesContract.Device.MANUFACTURER_ID,
        DevicesOpenHelper.Tables.MANUFACTURER,
        DevicesContract.Manufacturer._ID));
```

创建 SQLiteQueryBuilder 实例后，首先会调用其 setTables() 方法。若只想简单查询单张表，则传入该表的表名即可，但现在要创建 INNER JOIN 查询，则需要传入 INNER JOIN SQL 语句，即上面 String.format() 方法的返回值。

```
device INNER JOIN manufacturer on (device._id=manufacturer._id)
```

这是 SELECT 语句的基础部分。

接着便创建一个 projectionMap 变量传入 SQLiteQueryBuilder.setProjectionMap() 方法，以便 SQLiteQueryBuilder 将原始列名转化成最终显示在查询里的列名。这里有个细节十分重要，projectionMap 必须包含所有需要最终显示的列名，即使有些列名会映射自身。下面便是代码清单 6.13 中的片段。

```
final Map<String, String> projectionMap = new HashMap<>();
projectionMap.put(DevicesContract.DeviceManufacturer.MODEL,
       DevicesContract.DeviceManufacturer.MODEL);

projectionMap.put(DevicesContract.DeviceManufacturer.SHORT_NAME,
       DevicesContract.DeviceManufacturer.SHORT_NAME);

projectionMap.put(DevicesContract.DeviceManufacturer.DEVICE_ID,
        String.format("%s.%s AS %s",
                DevicesOpenHelper.Tables.DEVICE,
                DevicesContract.Device._ID,
                DevicesContract.DeviceManufacturer.DEVICE_ID));
```

```
projectionMap.put(DevicesContract.DeviceManufacturer.MANUFACTURER_ID,
        String.format("%s.%s AS %s",
                DevicesOpenHelper.Tables.MANUFACTURER,
                  DevicesContract.Manufacturer._ID,
                  DevicesContract
                        .DeviceManufacturer.MANUFACTURER_ID));

     builder.setProjectionMap(projectionMap);
```

例如上面 projectionMap 中的 DeviceContract.DeviceManufacturer.MODEL 需要映射自身。再强调一遍，所有需要最终显示在查询里的列名都要放进 projectionMap 中。

在上面代码中，因为原本 device 和 manufacture 表里都包含 id 列，所以 projectionMap 必须处理这种潜在的混淆问题，解决方案便是在两个 id 前面都加上各自的表名，最终产生的 SQL 语句类似下面所示。

```
SELECT device._id as device_id, manufacturer._id AS manufacturer_id
```

projectionMap 设置好之后，使用 SQLiteQueryBuilder.query() 方法对指定数据库执行查询。这个 query() 方法不太一样的地方在于，它的第一个参数是 SQLiteDatabase 对象，其他参数和 SQLiteDatabase.query() 一样。

下面是代码清单 6.13 中调用 SQLiteDatabase.query() 的代码片段。

```
cursor = builder.query(database, projection,
       selection,
       selectionArgs,
       null,
       null,
       sortOrder);
```

调用后返回的是一个 cursor 对象。

getType()

最后需要实现的方法是 getType()，可参考代码清单 6.15。

代码清单 6.15 实现 getType()

```
public String getType(@NonNull Uri uri) {

       final int code = URI_MATCHER.match(uri);
```

```
    switch (code) {
        case CODE_ALL_DEVICES:
         return String.format("%s/vnd.%s.%s",
                 ContentResolver.CURSOR_DIR_BASE_TYPE,
                 DevicesContract.AUTHORITY,
                 DevicesContract.Device.PATH);
    case CODE_ALL_MANUFACTURERS:
         return String.format("%s/vnd.%s.%s",
                 ContentResolver.CURSOR_DIR_BASE_TYPE,
                 DevicesContract.AUTHORITY,
                 DevicesContract.Manufacturer.PATH);
    case CODE_DEVICE_ID:
         return String.format("%s/vnd.%s.%s",
                 ContentResolver.CURSOR_ITEM_BASE_TYPE,
                 DevicesContract.AUTHORITY,
                 DevicesContract.Device.PATH);
     case CODE_MANUFACTURER_ID:
          return String.format("%s/vnd.%s.%s",
                 ContentResolver.CURSOR_ITEM_BASE_TYPE,
                 DevicesContract.AUTHORITY,
                 DevicesContract.Manufacturer.PATH);
     default:
         return null;
    }
}
```

跟前面一样，getType() 方法首先需要调用 URIMATCHER 匹配 URI 参数，接着根据返回的 int 值通过 switch 语句跳到具体 case 块。但不同的是，这个方法不会去调用数据库，它只是通过 URI 参数的路径构造 MIME 类型。本章前面也提到过的 URI 有表相关的记录 MIME 类型前缀，分别是 ContentResovler.CURSORITEMBASETYPE 和 ContentResolver.CURSORDIRBASE_TYPE 两种。

getType() 方法通过 String.format ()将这些常量构造出 MIME 类型字符串并返回。

到此为止，我们已经拥有一个完全实现的 Content Provider，它可以同时为本地应用和外部应用提供服务。下节将讨论在应用决定使用 Content Provider 前需要考虑的一些问题。

何时该使用 Content Provider

可能每个人对应用是否该加入 Content Provider 的讨论都有自己的看法。虽然 Content

Provider 为 activity、fragment 这些组件提供了一定程度的抽象，但在实现和使用它们时也存在一定程度的复杂度。最终这个问题的答案可能已经没有对错之分，而是需要根据多种因素决定是否使用。本节将分别列出 Content Provider 的劣势及优势，方便你做出明智的决定。

劣势

虽然使用 Content Provider 可以省去直接访问数据库的烦恼，但并不意味着它们没有缺陷。例如：

样板代码

使用 Content Provider 经常引起的一个负面影响就是需要编写过多额外的“样板”代码。跟直接使用 `SQLiteOpenHelper` 和 `SQLiteDatabase` 对象相比，实现 Content Provider 需要编写更多的代码。对初学者而言，Content Provider 自身需要编写和维护，例如根据 URI 匹配该操作哪个表及将具体操作委托给低级别的数据库对象等。而且 Content Provider 的代码长度会随着它所支持表的数量增加而增加，至少需要扩展 `switch` 语句来处理新表及额外的 `INNER JOIN` 查询。

接着，需要编写并维护合约类。这对于要对外暴露数据的应用来说十分重要，然而，即使数据只有被本地应用使用，通常还是推荐提供合约类。

使用 Content Provider，同时样板代码也不再是一个问题的原因是，Android 社区已经有了大量的工具用来解决这个问题。使用搜索引擎随便搜搜，就可以迅速找到这些工具。

只能使用 URI 和 Cursor

使用 Content Provider 需要使用 URI 及 Cursor 而不是直接使用 Java model 类。它们需要更高的学习成本，特别是对于熟悉 POJO（plain old Java objects）的开发者来说，可能不太熟悉 Content Provider。

此外，到完成这本书为止，Android 数据绑定库还没支持 Cursor。这意味着通过 Content Provider 将数据库和 UI 绑定，应用程序需要查询 Content Provider 后将返回的 cursor 转换成对象，这额外的操作导致额外的内存消耗。因为操作系统必须为每个对象分配内存，而垃圾回收器会在对象不再被使用时回收内存。

没有合适的地方关闭数据库

执行数据库操作需要开启一个数据库连接。通常多个数据库操作会复用相同的连接以避免多次创建连接带来的开销。

由于这里数据库是由应用程序代码打开的，按逻辑也应该被它关闭，但对 Content Provider 来说却有点有趣。通常，所有使用相同数据库的操作只会打开一个连接，即使多次调用 SQLiteOpenHelper.getWritable() 方法，它也仅仅是返回缓存的 SQLiteDatabase 对象，从而避免创建多个连接的开销。问题是，Content Provider 有 onCreate() 方法会在其生命周期开始时被调用，但在其被销毁时却没有相应的回调方法。这就意味着如果已经打开一个数据库连接，将不会有合适的地方关闭连接的数据库。如果在每个 insert()、update()、delete()、query() 等地方打开连接，使用完后关闭连接，这样做又会带来巨大的额外消耗。

一些人对这类问题比较担心。虽然一些 Android 平台工程师曾经公开说数据库会在应用程序进程被清除时关闭，但仍然有些人认为最好应该是应用程序在被清除之前自己关闭数据库。

优势

Content Provider 也有自己的优势，有时它可以让事情变得更简单。接下来开始介绍它的优势。

结构化数据抽象层

Content Provider 擅长于隐藏数据存储的细节，因为 Content Provider 实际上就是结构化数据的接口， Content Provider 实际数据存储机制对别的应用组件是透明的。例如，它的数据可以存储在数据库里，或者到硬盘的文件里，甚至可以是远程服务器里。由于别的组件无须了解怎么存储文件这些细节，所以改变 Content Provider 的存储机制也不会影响到它的客户端（假设没有改变合约类）。

同时通过提供单一接口，降低访问数据的复杂性，做到了无论是本地应用还是外部应用，都通过相同的方式访问 Content Provider 。

绝大多数应用若需要持久化数据，都希望在数据库跟业务逻辑之间多加一层处理接口问题，而在 Android 里，Content Provider 自然是其中一个选项，相对其他类似功能的架构，它的优势更加明显。

兼容其他 Android 组件

Content Provider 可以很好地兼容 Android SDK 其他组件（但前面也讨论过数据绑定 API 存在的问题）。其中最便捷的应用是 cursor loader，Android 文档强烈建议 cursorloader 应该结合 Content Provider 使用。虽然没有 Content Provider 也能正常运行，但实现起来会更加复杂。

对于应用来说，cursor loader 可以消除自己手动维护 Activity 和 Fragment 配置变更的复杂性。此外，Loader 支持异步，同时应用也可以安全地在其回调更新 UI。在第 5 章中，使用 curosr loader 时，cursor loader 和 Acitivity 都无须手动调用 Content Resolver 或者 Content Provider，因为它已经隐藏了这些细节。

一旦实现 Content Provider，便可以直接使用 cursor loader 为 UI 加载数据，从而避免代码量过多。此外，Android 系统会帮忙处理 cursor 对 Acitivity 生命周期的响应，而无须开发者担心 cursor 未关闭造成内存泄漏。

除了 cursor loader，Sync 适配器和搜索 API 也用到了 Content Provider，甚至有时某些 API 要求仅能使用 Content Provider。

处理跨进程通信

Content Provider 的主要优势之一便是允许应用轻松地跨进程传输数据，以便促进两个不同应用，以及单个应用但跨多进程之间的联系。跟前面讨论的一样，Content Resolver 跟 Content Provider 之间跨进程调用对应用来说是透明的。

Android 也提供了其他支持跨进程传输数据的机制，例如 Bind Service 和 Android 接口定义语言（AIDL）。话虽如此，但它们并不总能满足应用的需求。

Service 擅长于处理在后台长时间运行而不需要 UI 的任务，虽然它可以突破进程的屏障，但如果不是执行耗时任务，Service 就不适用。此外，在 Service 里还是需要手动调用数据库检索数据。

总结

Content Provider 可以便捷地对外暴露内部数据，同时其在数据库跟 UI 之间提供了一层抽象。同时，开发者使用 Content Resolver 后便无须担心跨进程传输数据的细节。

通过分配权限，应用可以控制外部应用的访问级别，它为应用暴露数据提供了灵活性。

如果用到 cursor loader，那么 Content Provider 可以作为一个很有用的中间组件，帮忙处理实际数据访问关联的工作。

下一章我们将深入了解使用 cursor loader 加载数据最终显示给用户的细节。

第 7 章

数据库和 UI

随着应用的复杂度增加，越来越多的数据需要存放在本地数据库中。前面的章节讨论了很多数据存储的细节，不过还没讨论非常重要的一个环节——如何将数据从数据库中取出并展示到用户面前。本章将会讨论一些使用 Android 数据库 API 将数据展示到用户的做法。

从数据库到 UI

在数据展示到 UI 之前，需要先从数据库中读取这些数据。这其中有一点特别值得注意的是 Android 中的线程。从数据库读取数据实际是从应用的内部存储空间读取数据，这种 I/O 操作不应该在主线程上完成。虽然本地 I/O 操作也足够快，但仍旧会阻塞主线程。另外，为了支持多线程并保证线程安全，线程锁有可能会阻塞调用线程。所以，在主线程上进行数据库操作是一种非常糟糕的做法。

数据库的操作要在后台线程完成，UI 的更新要在主线程中完成，如果尝试在后台线程更新 UI，将会引发异常。在第 5 章提到的 cursor loader 可以很好地处理这种跨线程操作的场景。

使用 cursor loader 处理线程交互

cursor loader 可以方便地从本地数据库读取数据，Activity 和 Fragment 可以根据不同的投影和选择参数创建 cursor loader。loader 框架很好的一点就是它已经处理了相关的线程问题：cursor loader 会在后台线程读取数据，然后在主线程回调 `LoaderManager.LoaderCallbacks.onLoadFinished()` 方法。cursor 对象会在 `onLoadFinished()` 方法中传回，其中包含的数据，可以用于更新 UI。

值得注意的一点是，cursor loader 默认用 Content Provider 来读取数据。如果应用没有实现 Content Provider，则需要 cursor loader 的替代方案。

绑定 Cursor 的数据到 UI

Loader Manager 返回 cursor 之后，其中的数据可用来更新 UI；根据不同的需要，会有不同的做法。一些简单的 UI 只需要数据库中的一行数据。在这种情况下，在 `onLoadFinished()` 方法中直接从 cursor 读取数据，更新 UI 即可，如代码清单 7.1 所示。

代码清单 7.1　使用 Cursor 返回的单行数据更新界面

```
@Override
public void onLoadFinished(Loader<cursor> loader, cursor data) {
    if (data != null && data.moveToFirst()) {
        String model =
                data.getString(data.getColumnIndexOrThrow(DevicesContract
                    .DeviceManufacturer.MODEL));
        modelView.setText(model);

        String nickname =
                data.getString(data.getColumnIndexOrThrow(DevicesContract
                                                              .DeviceManufacturer
                                                              .NICKNAME));

        nicknameView.setText(nickname);

        String manufacturerShortName =
                data.getString(data.getColumnIndexOrThrow(DevicesContract
                                                              .DeviceManufacturer
                                                              .LONG_NAME));

        manufacturerShortNameView.setText(manufacturerShortName);
}
```

代码清单 7.1 中这样的代码在一些详情页很有用，比如用户在一个列表页面点击了一行，然后跳转到详情页显示具体的信息。

在列表中使用 cursor 显示数据会稍微复杂一些。这种复杂度，有一部分取决于列表数据在 Activity 和 Fragment 中的展现方式。目前 Android 提供两种 view，可以高效地支持列表的显示：`ListView` 和 `RecyclerView`。

ListView

ListView 使用 adapter 将数据绑定到 UI，Android 的 SDK 也提供了可以将 cursor 绑定到 ListView 的类，比如：SimpleCursorAdapter。这个类可以将 cursor 中的每一列的数据映射到 ListView 每一项的 TextView 中，如代码清单 7.2 所示。

代码清单 7.2 SimpleCursorAdapter 的使用

```
private simpleCursorAdapter SimpleCursorAdapter;

@Override
protected void onCreate(Bundle savedInstanceState) {
    super.onCreate(savedInstanceState);

    String[] columnNames = {
            DevicesContract.Device.MODEL,
            DevicesContract.Device.NICKNAME
    };

    int[] viewNames = {
          R.id.modelView,
          R.id.nicknameView
    };

    simpleCursorAdapter = new SimpleCursorAdapter(this,
          R.layout.list_item,  // layout
          null,                // cursor
          columnNames,         // column names
          viewNames,
          0);

    listView.setAdapter(simpleCursorAdapter);

    getLoaderManager().initLoader(LOADER_ID_DEVICES, null, this);
}

@Override
public void onLoaderReset(Loader<Cursor> loader) {
    simpleCursorAdapter.changeCursor(null);
}

@Override
```

```
public void onLoadFinished(Loader<Cursor> loader,Cursor data) {
    simpleCursorAdapter.changeCursor(data);
}
```

在代码清单 7.2 中，Activity 的 `onCreate()` 方法创建了 `SimpleCursorAdapter`，构造参数中包含了用于显示 cursor 中每一行数据的布局文件，包含要显示的数据的 cursor 对象，cursor 中要显示的列名，对应的布局文件中要显示这些列的 view 的 ID。列名和 view 的 ID 是两个数组，它们一一对应。

在 column name 这个数组中，包含了 `DevicesContract` 这个类中的两个值，这两个值映射到 content provider 中对应的数据列。布局文件中所包含的 view 的 ID 也都作为参数传递到 `SimpleCursorAdapter` 的构造函数中。

请注意，在代码清单 7.2 中，我们并没有传递一个真正的 cursor 给 `SimpleCursorAdapter`，而是传了一个 `null` 值。因为在 `onCreate()` 时，包含数据的 cursor 对象还没准备好；`SimpleCursorAdapter` 允许在构造时接受空值，在数据准备好之后，再更新。

在 `onCreate()` 方法的最后，把 adapter 设置给 `ListView`，然后调用 loader manager 开始加载数据。

数据查询完成之后，loader manager 会回调 `onLoadFinished()` 方法。在代码清单 7.2 中，`onLoadFinished()` 仅仅是调用了 `simpleCursorAdapter.changeCursor()` 方法，这会使得 adapter 使用新的 cursor 作为数据源。如果之前有旧的 cursor，会将其先关闭。

当 loader 被重置，数据无法再使用时，loader manager 会调用 `onLoaderReset()` 这个方法。在 `onLoaderReset()` 这个方法中，给 `changeCursor()` 传递了一个 `null` 值，清除 cursor 的引用。

凡事都有两面性，`SimpleCursorAdapter` 提供了易用性的同时，就牺牲了一些扩展性。这个时候，你需要 `CursorAdapter`。

相比 `SimpleCursorAdapter`，`CursorAdapter` 更一般。实际上，前者是后者的子类，实现了 `SimpleCursorAdapter` 的抽象方法，可以直接使用。使用 `CursorAdapter` 时，实现这些抽象方法，如代码清单 7.3 所示。

代码清单 7.3　将 Cursor 和 `CursorAdapter` 绑定

```
public class DeviceAdapter extends CursorAdapter {
```

```
    public DeviceAdapter() {
        super(DeviceListActivity.this, null, 0);
    }

    @Override
    public View newView(Context context, Cursor cursor, ViewGroup parent) {
        View view
            = LayoutInflater.from(context).inflate(R.layout.list_item,
                                                    parent,
                                                    false);
        Holder holder = new Holder(view);
        view.setTag(holder);

        return view;
    }

    @Override
    public void bindView(View view, Context context, Cursor cursor) {
        String model =
            cursor.getString(cursor
            .getColumnIndexOrThrow(DevicesContract.Device.MODEL));
        String nickname = cursor.getString(cursor
            .getColumnIndexOrThrow(DevicesContract.Device.NICKNAME));

        Holder holder = (Holder) view.getTag();
        holder.modelView.setText(model);
        holder.nicknameView.setText(nickname);
    }
}
```

注

代码清单 7.3 只是展示了 `DeviceAdapter` 的实现：继承了 `CursorAdapter`，并实现了抽象方法。具体的使用和代码清单 7.2 中的 `SimpleCursorAdapter` 一样，唯一不一样的就是在 `onCreate()` 中实例化它们时，它们的构造函数不一样。

当继承 `CursorAdapter` 时，需要实现 `newView()` 和 `bindView()` 这两个方法。在代码清单 7.3 中，`newView()` 简单地从布局文件创建 view，然后用一个 view holder 加以包装，以便后续使用。`bindView()` 将 cursor 中的数据和列表中的 view 绑定、呈现。

bindView() 这个方法，从传入的参数列表中的 cursor 中读取数据，并将数据填充到传入的 view 中。注意，在这里无须操作 cursor 的内部指针，无须调用类似 cursor.moveToFirst() 或 cursor.moveToPosition() 这样的方法——因为在 CursorAdapter 内部已经完成了这样的操作。

RecyclerView

RecyclerView 也可以用来显示列表数据，是 ListView 的新的替代选择。和 ListView 一样，RecyclerView 也需要一个 adapter，用来将 cursor 中的数据绑定到 view。不过不像 ListView，它并没有一个预先写好的 adapter 可用；这就意味着如果想使用 RecyclerView 的话，需要自己实现一个 adapter。

所有 RecyclerView 的 adapter 都继承于 RecyclerView.Adapter，关于这部分的完整实现，我们将在后续章节讨论。

> **对象关系映射**
>
> 对象关系映射（Object-Relational Mapping，简称 ORM）是将 Java 对象映射到数据库表的过程。ORM 框架会处理从数据库读写数据的细节，这使得将一个对象持久化到数据库变得非常容易。在处理对象持久化时，ORM 是一个典型的范例。
>
> Android SDK 没有提供 ORM 的支持，不过有很多第三方的库提供 ORM 的功能。这些库相比 Android SDK 自带的一些组件，比如 cursor loader，在开发应用时似乎提供了更多的便利，不过 SDK 提供的这些功能是有代价的。
>
> 在使用 Android 自带的标准数据库工具时，所有的数据库访问都和 cursor 相关。cursor 在数据库的真实数据和内存中的结果集之间提供一层抽象，以使数据库中的数据可以被方便地访问到。
>
> 使用 ORM 框架之后，为了将 cursor 映射到 Java 对象上，它在 cursor 之上提供了另外一层抽象。这就意味着，需要创建额外的对象，这些对象最终需要被垃圾回收。
>
> 这些对象的创建和回收看起来是琐碎的甚至是没必要的，因为和 Java 对象相比，将 cursor 绑定到 UI 同样简单。

cursor 作为观察者

使用 cursor 来访问数据库的另外一个优势就是，cursor 可作为底层数据库的观察者。当一个 Android 组件得到 cursor 对象之后，它可以将自身注册为一个观察者，在底层数据变化的时候会得到通知。这对于在数据变化时保持 UI 更新很有用。

cursor 类提供了以下方法，将数据源包装出一个观察者模型。

- `cursor.registerContentObserver()`
- `cursor.registerDataSetObserver()`
- `cursor.unregisterContentObserver()`
- `cursor.unregisterDataSetObserver()`
- `cursor.setNotificationUri()`

使用这些方法可以用观察者模型对数据的变化作出响应，这比轮询高效。

registerContentObserver(ContentObserver)

`registerContentObserver()` 方法可用来注册观察者，当 cursor 对应的底层数据变化时，观察者会收到通知回调。当底层数据变化时 cursor 中的数据并不会更新，通过订阅数据变化，可在回调中更新 cursor 数据。在回调方法中调用 `cursor.requery()` 可实现数据的更新。因为回调发生在主线程，所以更可取的作法是在后台进行数据刷新操作。

`registerContentObserver()` 方法传入一个类型为 `ContentObserver` 的参数。一般地，我们会继承 `ContentObserver` 并实现以下方法，处理数据更新回调。

- `public boolean deliverSelfNotification()`： 该方法用来控制，当数据发生变化时，observer 是否应该收到通知。
- `public void onChange(boolean selfChange)`：数据发生变化时该方法被调用，如果该变化是由监听的 cursor 提交数据引起的，则 `selfChange` 为 ture。
- `public void onChange(boolean selfChange, Uri uri)`：这个 `onChange()` 的重载版本在 API level 16 之后引入，功效和上述相同，只不过数据对应的 URI 也在参数列表中。为保证 API 兼容性，最佳实践如下。

代码清单 7.4 **onChange()** 方法兼容性处理

```
public void onChange(boolean selfChange, Uri uri) {
    // 数据变化对应的处理
}
public void onChange(boolean selfChange) {
    selfChange(selfChange, null);
}
```

ContentObserver 有一个传入 Handler 对象的构造函数。当传入 Handler 时，onChange() 回调发生在 Handler 对应的线程上。

registerDataSetObserver(DataSetObserver)

registerDataSetObserver() 方法可以用来注册观察者，当 cursor 中的数据发生变化时，观察者会收到通知回调。这个方法和 registerContentObserver() 的区别在于，后者用于监控底层数据的变化，前者用于监控对应于底层数据的 cursor 中的数据的变化。

registerDataSetObserver() 接受一个类型为 DataSetObserver 的参数。传入的 DataSetObserver 必须重载以下两个回调方法，用来处理数据变化。

- public void onChange()：当在 cursor 中的数据发生变化时，该方法会被调用。通常是在调用 requery() 之后。
- public void onInvalidate()： 当关闭 cursor 之后会调用这个方法。这个时候说明 cursor 中的数据已经过期无效，不可再使用了。

unregisterContentObserver(ContentObserver)

该方法用来解除注册 ContentObserver，解除注册之后 ContentObserver 不会再收到任何回调。为防止内存泄漏，在使用观察者模式时，解除对所有已注册的观察者的注册非常重要。

unregisterDataSetObserver(DataSetObserver)

该方法用来解除注册 DataSetObserver()。

`setNotificationUri(ContentResolver, Uri)

这个方法用来设置要监听的 URI。这个 URI 可以是一个数据行，也可以是整个数据表。

在 Activity 中使用 Content Provider

前面我们讨论过好几种在 Activity 中使用 Content Provider 实现 UI 显示的做法。接下来我们看一个例子，这个例子是前序章节讨论的保存手机设备数据应用的延伸，加入一个 `DeviceListActivity` 用来显示已经保存的手机设备的信息列表。

Activity 的布局

`DeviceListActivity` 使用一个 `RecyclerView` 来显示设备数据列表。以下是主要布局。

代码清单 7.5 `DeviceListActivity` 的布局

```
<android.support.design.widget.CoordinatorLayout
    xmlns:android=" schemas.android.com/apk/res/android"
    xmlns:app=" schemas.android.com/apk/res-auto"
    xmlns:tools=" schemas.android.com/tools"
    android:layout_width="match_parent"
    android:layout_height="match_parent"
    android:fitsSystemWindows="true"
    tools:context=".device.DeviceListActivity">

    <include layout="@layout/appbar" />

    <android.support.v7.widget.RecyclerView
        android:id="@+id/recycler_view"
        android:layout_width="match_parent"
        android:layout_height="match_parent"
        app:layout_behavior="@string/appbar_scrolling_view_behavior"
        android:paddingTop="8dp"
        android:paddingBottom="8dp"/>

    <TextView
        android:id="@+id/empty"
        android:layout_width="match_parent"
        android:layout_height="match_parent"
        android:text="@string/no_devices_message"
        android:gravity="center"/>

    <android.support.design.widget.FloatingActionButton
        android:id="@+id/fab"
```

```
        android:layout_width="wrap_content"
        android:layout_height="wrap_content"
        android:layout_margin="@dimen/fab_margin"
        android:src="@drawable/ic_add_white_24dp"
        android:layout_gravity="bottom|end" />
</android.support.design.widget.CoordinatorLayout>
```

RecyclerView 用来显示数据列表，当数据为空时 TextView 用来占位信息。

对于在 RecyclerView 中的每一个 item view，使用一个 CardView 包含 TextView 来显示摘要信息。如 7.6 中的 list_item_device.xml 所示。

代码清单 7.6 listit_em_device.xml

```
<android.support.v7.widget.CardView
    xmlns:android=" schemas.android.com/apk/res/android"
    xmlns:tools=" schemas.android.com/tools"
    android:layout_width="match_parent"
    android:layout_height="wrap_content"
    android:layout_marginStart="16dp"
    android:layout_marginEnd="16dp"
    android:layout_marginTop="8dp"
    android:layout_marginBottom="8dp">
    <TextView
        android:id="@+id/name"
        android:layout_width="match_parent"
        android:layout_height="wrap_content"
        android:padding="16dp"
        tools:text="model"/>
</android.support.v7.widget.CardView>
```

Activity 的实现细节

以上是布局文件的定义，从代码清单 7.7 中开始，给出了 DeviceListActivity 的实现细节。

代码清单 7.7 DeviceListActivity

```
public class DeviceListActivity extends AppCompatActivity
    implements LoaderManager.LoaderCallbacks<Cursor> {
```

继承于 BaseActivity，BaseActivity 是所有 Activity 的基类，没做特别的事情。同

时，DeviceListActivity 还实现了 LoaderManager.LoaderCallback<Cursor> 接口。

DeviceListActivity 继承于 AppCompatActivity，实现了 LoaderManager.LoaderCallback<Cursor> 接口。实现该接口后，loader manager 会回调所实现的接口定义的相关方法。在这些方法中，可操作数据库，也可在数据库中数据发生变化时做出响应。

DeviceListActivity.onCreate() 方法中规中矩：初始化 view，调用 LoaderManager.initLoader() 开始加载数据，具体如下。

代码清单 7.8 onCreate() 方法

```
@Override
protected void onCreate(Bundle savedInstanceState) {
    super.onCreate(savedInstanceState);
    setContentView(R.layout.activity_device_list);

    Toolbar toolbar = (Toolbar) findViewById(R.id.toolbar);
    toolbar.setTitle(getTitle());

    toolbar.inflateMenu(R.menu.activity_device_list);

    // ... 其他初始化 view 的代码
    recyclerView = (RecyclerView) findViewById(R.id.recycler_view);
    empty = (TextView) findViewById(R.id.empty);
    recyclerView.setLayoutManager(new LinearLayoutManager(this));
    recyclerView.setAdapter(new DeviceCursorAdapter());

    getLoaderManager().initLoader(LOADER_ID_DEVICES, null, this);

    // ... 其他初始化代码
}
```

创建 cursor loader

DeviceListActivity 没有其他像 onStart() 或 onResume() 这样初始化的生命周期方法。调用 LoaderManager.initLoader() 之后，会执行 onCreateLoader()，创建一个 cursor loader，并返回给 loader manager，具体如下。

代码清单 7.9 在 **onCreateLoader()** 中创建 cursor loader

```
@Override
public Loader<Cursor> onCreateLoader(int id, Bundle args) {
    Loader<Cursor> loader = null;
    String[] projection = {
            DevicesContract.DeviceManufacturer.MODEL,
            DevicesContract.DeviceManufacturer.DEVICE_ID,
            DevicesContract.DeviceManufacturer.SHORT_NAME
    };

    switch (id) {
        case LOADER_ID_DEVICES:
            loader = new CursorLoader(this,
                    DevicesContract.DeviceManufacturer.CONTENT_URI,
                    projection,
                    null,
                    null,
                    DevicesContract.DeviceManufacturer.MODEL);
            break;
    }

    return loader;
}
```

onCreateLoader() 的实现和第 6 章中介绍 cursor loader 时 Content Provider 的实现相似。合约类 DevicesContract.DeviceManufacturer 中的字段用来指定要读取哪些列。因界面上要显示所有设备的信息，故没传入选择条件。又因列表按字母排序，最后又传入 DevicesContract.DeviceManufacturer.MODEL 用来指定排序字段。

处理返回数据

在 onCreateLoader() 中创建了 cursor loader 之后，loader manager 会在后台线程读取数据。数据读取完后会回调 onLoadFinished() 方法，在其中处理返回数据。因 loader manager 在后台线程读取数据，所以不会阻塞 UI 线程，不会产生 ANR。OnLoadFinished() 方法的实现如下。

代码清单 7.10 在 **onLoadFinished()** 中处理返回数据

```
@Override
```

```
public void onLoadFinished(Loader<Cursor> loader, Cursor data) {
    if (data == null || data.getCount() == 0) {
        empty.setVisibility(View.VISIBLE);
        recyclerView.setVisibility(View.GONE);
    } else {
        empty.setVisibility(View.GONE);
        recyclerView.setVisibility(View.VISIBLE);
        ((DeviceCursorAdapter) recyclerView.getAdapter()).swapCursor(data);
    }
}
```

在 onLoadFinished() 中，检查了 cursor 是否为空，如果为空，则隐藏 RecyclerView，显示另一个 view 用来说明无数据可用，如图 7-1 所示。

图 7.1　设备列表为空的状态

当列表数据为空时，是提示用户加入数据的好时机。这时，在 DeviceListActivity 右下角有一个按钮，点击后可开始添加设备。

如果 cursor 中有数据，则隐藏数据为空的相关 view，并把 RecyclerView 显示出来。将 onLoadFinished() 传入的 cursor，通过调用 RecyclerView 的 adapter 的 swapCursor() 方法，使 RecyclerView 呈现相关的数据。

在讨论 DeviceCursorAdapter 实现之前，我们先看看 onLoaderReset() 方法，它

是 LoaderManager.LoaderCallbacks<Cursor> 接口的一部份，如下代码所示。

代码清单 7.11　在 onLoaderReset() 中设置空 Cursor

```
@Override
public void onLoaderReset(Loader<Cursor> loader) {
    ((DeviceCursorAdapter) recyclerView.getAdapter()).swapCursor(null);
}
```

onLoaderReset() 的实现非常简单，获取到 RecyclerView 的 adapter，设置一个空的 cursor，使之不再对之前的 cursor 有任何额外的操作。

除了构造函数之外，和 DeviceCursorAdapter 进行首次交互是在 onLoadFinished() 中调用 swapCursor()，swapCursor() 方法的实现如下。

代码清单 7.12　DeviceCursorAdapter.swapCursor() 的实现

```
public void swapCursor(cursor newDeviCecursor) {
    if (deviceCursor != null) {
        deviceCursor.close();
    }
    deviceCursor = newDeviceCursor;
    notifyDataSetChanged();
}
```

DeviceCursorAdapter.swapCursor() 方法模仿了用于 ListView 的 CursorAdapter 的实现：如果之前的 deviceCursor 不为空，就先关闭，然后将其设置为传入的新的 cursor，接着调用 notifyDataSetChanged() 通知 RecyclerView() 更新数据。

RecyclerView 开始更新数据后，会调用 DeviceCursorAdapter.getItemCount() 方法来获取数据条目的数量。因 adapter 的数据在 cursor 中，故 cursor 中数据的行数就是数据条目的数量，如果 cursor 为空，则条数为 0，如代码清单 7.13 所示。

代码清单 7.13　获取数据条目的数量

```
@Override
public int getItemCount() {
    return (deviceCursor == null ? 0 : deviceCursor.getCount());
}
```

获取完数据条目的数量后，RecyclerView 调用 DeviceCursorAdapter.

onBindViewHolder() 方法，使用 adapter 中的数据填充渲染每个数据条目对应的 view，如代码清单 7.14 所示。

代码清单 7.14 在 onBindViewHolder() 中更新 UI

```
@Override
public void onBindViewHolder(DeviceViewHolder holder,
          int position) {
     /**
      * 译者注：此处应该改为数据无效提前返回更佳，如下：
      *
      * if (deviceCursor == null
      *        || !deviceCursor.moveToPosition(position)) {
      *   return;
      * }
      */
     if (deviceCursor != null
               && deviceCursor.moveToPosition(position)) {
          String model = deviceCursor
               .getString(deviceCursor
                         .getColumnIndexOrThrow(DevicesContract
                              .DeviceManufacturer
                              .MODEL));

          int deviceId = deviceCursor
               .getInt(deviceCursor
                         .getColumnIndexOrThrow(DevicesContract
                              .DeviceManufacturer
                              .DEVICE_ID));

          String shortName = deviceCursor
               .getString(deviceCursor
                         .getColumnIndexOrThrow(DevicesContract
                              .DeviceManufacturer
                              .SHORT_NAME));

          holder.name.setText(getString(R.string.device_name,
                         shortName,
                         model,
                         deviceId));
          holder.uri = ContentUris
               .withAppendedId(DevicesContract.Device.CONTENT_URI,
```

```
                    deviceId);
    }
}
```

onBindViewHolder() 方法传入有两个参数：DeviceViewHolder 和一个偏移量。onBindViewHolder() 在渲染每一项数据时会被调用。前者包含有当前数据项对应于 RecyclerView 中的 view，后者是这个 view 在列表中的偏移量。在上述代码中，先是检查 deviceCursor 是否为空，不为空的话，就移动到指定位置，之后读取数据渲染 ViewHolder 中相关的 view。

DeviceDetailActivity 中的 ViewHolder 不仅包含用来显示设备型号、ID、厂商等信息的 view，还包含一个 URI，使用这个 URI，可从 DeviceContentProvider 中查找设备信息。当点击 ViewHolder 中的 view 时，这个 URI 会传入 DeviceDetailActivity，用来显示设备的详细信息。具体的实现见代码清单 7.15。

代码清单 7.15 DeviceCursorAdapter 和 DeviceViewHolder 的实现

```
private class DeviceCursorAdapter
        extends RecyclerView.Adapter<DeviceViewHolder> {
    private Cursor deviceCursor;

    @Override
    public DeviceViewHolder onCreateViewHolder(ViewGroup parent,
                                               int viewType) {
        View view = LayoutInflater.from(parent.getContext())
                .inflate(R.layout.list_item_device, parent, false);

        return new DeviceViewHolder(view);
    }

    @Override
    public void onBindViewHolder(DeviceViewHolder holder,
                                 int position) {
        if (deviceCursor != null
                && deviceCursor.moveToPosition(position)) {
            String model = deviceCursor
                    .getString(deviceCursor
                            .getColumnIndexOrThrow(DevicesContract
                                    .DeviceManufacturer
                                    .MODEL));
```

```
            int deviceId = deviceCursor
                .getInt(deviceCursor
                        .getColumnIndexOrThrow(DevicesContract
                            .DeviceManufacturer
                            .DEVICE_ID));

            String shortName = deviceCursor
                .getString(deviceCursor
                        .getColumnIndexOrThrow(DevicesContract
                            .DeviceManufacturer
                            .SHORT_NAME));

            holder.name.setText(getString(R.string.device_name,
                        shortName,
                        model,
                        deviceId));
            holder.uri = ContentUris
                .withAppendedId(DevicesContract.Device.CONTENT_URI,
                        deviceId);
                }
    }

    @Override
    public int getItemCount() {
        return (deviceCursor == null ? 0 : deviceCursor.getCount());
    }

    public void swapCursor(Cursor newDeviceCursor) {
        if (deviceCursor != null) {
            deviceCursor.close();
        }
        deviceCursor = newDeviceCursor;
        notifyDataSetChanged();
    }
}

private class DeviceViewHolder
    extends RecyclerView.ViewHolder
    implements View.OnClickListener {
    public TextView name;
    public Uri uri;
```

```
    public DeviceViewHolder(View itemView) {
        super(itemView);

        itemView.setOnClickListener(this);
        name = (TextView) itemView.findViewById(R.id.name);
    }

    @Override
    public void onClick(View view) {
        Intent detailIntent =
            new Intent(view.getContext(),
                    DeviceDetailActivity.class);

        detailIntent.putExtra(DeviceDetailActivity.EXTRA_DEVICE_URI, uri);
        startActivity(detailIntent);
    }
}
```

处理数据变化

因 DeviceListActivity 使用 cursor 从数据库读取数据，使其隐式地成为了 cursor 和一个观察者，在 cursor 数据变化时会得到通知。在内部具体的实现是：cursor loader 创建了一个 content observer，并注册给 Content Provider，当数据变化时便可得到通知。当数据变化时，调用 loader manager 相关的方法，而 DeviceListActivity 实现了 LoaderManager.LoaderCallbacks 接口。当数据变化后，会回调 onLoadFinished() 方法，更新 adapter 中的数据，并在 RecyclerView 中呈现。

这就是使用 cursor loader 的优势之一，和直接访问数据库数据相比，这种方式帮开发者处理了很多细节，如主线程和后台线程交互，从 Content Provider 注册和注销以监听数据变化。

不过 cursor loader 只是监听了变化，并没执行通知 Content Observer 数据变化等必要的任务。

我们在第 6 章提到，当数据变化时，需要调用 setNotificationUri() 以保证通知到 content observer。在 DevicesProvider 中的 query() 方法中，获取到 cursor 之后，也进行了同样的处理，如代码清单 7.16 所示。

代码清单 7.16　在 DevicesProvider.query() 中处理数据变化

```
@Override
public Cursor query(@NonNull Uri uri,
                    String[] projection,
                    String selection,
                    String[] selectionArgs,
                    String sortOrder) throws IllegalArgumentException {
    Cursor cursor;
    if (projection == null) {
        throw new IllegalArgumentException("Projection can't be null");
    }

    sortOrder = (sortOrder == null ? BaseColumns._ID : sortOrder);

    SQLiteDatabase database = helper.getReadableDatabase();

    final int code = URI_MATCHER.match(uri);
    switch (code) {
        case CODE_ALL_DEVICES:
        case CODE_ALL_MANUFACTURERS:
            cursor = database.query(URI_CODE_TABLE_MAP.get(code),
                    projection,
                    selection,
                    selectionArgs,
                    null,
                    null,
                    sortOrder);
            break;
        case CODE_DEVICE_ID:
        case CODE_MANUFACTURER_ID:
            if (selection == null) {
                selection = BaseColumns._ID
                        + " = "
                        + uri.getLastPathSegment();
            } else {
                throw new IllegalArgumentException("Selection must " +
                        "be null when specifying ID as part of uri.");
            }
            cursor = database.query(URI_CODE_TABLE_MAP.get(code),
                    projection,
                    selection,
                    selectionArgs,
                    null,
                    null,
                    sortOrder);
            break;
```

```
case CODE_DEVICE_MANUFACTURER:
    SQLiteQueryBuilder builder = new SQLiteQueryBuilder();

    builder.setTables(String
            .format("%s INNER JOIN %s ON (%s.%s=%s.%s)",
            DevicesOpenHelper.Tables.DEVICE,
            DevicesOpenHelper.Tables.MANUFACTURER,
            DevicesOpenHelper.Tables.DEVICE,
            DevicesContract.Device.MANUFACTURER_ID,
            DevicesOpenHelper.Tables.MANUFACTURER,
            DevicesContract.Manufacturer._ID));

    final Map<String, String> projectionMap = new HashMap<>();
    projectionMap.put(DevicesContract.DeviceManufacturer.MODEL,
            DevicesContract.DeviceManufacturer.MODEL);

    projectionMap
            .put(DevicesContract.DeviceManufacturer.SHORT_NAME,
            DevicesContract.DeviceManufacturer.SHORT_NAME);

    projectionMap
            .put(DevicesContract.DeviceManufacturer.DEVICE_ID,
            String.format("%s.%s AS %s",
                    DevicesOpenHelper.Tables.DEVICE,
                    DevicesContract.Device._ID,
                    DevicesContract.DeviceManufacturer.DEVICE_ID));

    projectionMap.put(DevicesContract
            .DeviceManufacturer.MANUFACTURER_ID,
            String.format("%s.%s AS %s",
                    DevicesOpenHelper.Tables.MANUFACTURER,
                    DevicesContract.Manufacturer._ID,
                    DevicesContract
                            .DeviceManufacturer.MANUFACTURER_ID));

    builder.setProjectionMap(projectionMap);

    cursor = builder.query(database,
            projection,
            selection,
            selectionArgs,
            null,
            null,
            sortOrder);

    break;
default:
    throw new IllegalArgumentException("Invalid Uri: " + uri);
```

```
    }

    cursor.setNotificationUri(getContext().getContentResolver(), uri);
    return cursor;
}
```

在 DevicesProvider.query() 方法的最后，根据各种情况获取到 cursor 的引用后，调用 cursor.setNotificationUri()，设置所传入的 URI。将 setNotificationUri() 方法在 Content Provider 中调用，而不是在 DeviceCursorAdapter 中调用。这让使用 Cotent Provider 返回的所有 cursor 在数据变化时，都能得到数据更新。

除了给每个查询在 query 方法中调用 setNotificationUri()，给 cursor 设置 URI 之外，还需要在 insert、update、delete 等方法中调用 ContentResolver.notifyChange() 用来通知所有注册的观察者，某个 URI 对应的数据有变化，如代码清单 7.17 所示。

代码清单 7.17 insert(), update(), delete() 中的代码片段

```
@Override
public Uri insert(@NonNull Uri uri, ContentValues values) {

    // 插入数据操作
    notifyUris(uri);
    // 返回 uri
}

@Override
public int delete(@NonNull Uri uri,
                  String selection,
                  String[] selectionArgs) {
    // 删除操作
    notifyUris(uri);

    // 返回被删除的行数
}

@Override
public int update(@NonNull Uri uri,
                  ContentValues values,
                  String selection,
                  String[] selectionArgs) {

    // 更新操作
    notifyUris(uri);
```

```
    // 返回更新的行数
    return rowCount;
}
```

在 device 数据更新时，DevicesContract.DeviceManufacturer 所对应的 manufacturer（设备制造商）表的数据也需要更新。而后者所对应的 URI 和 DevicesContract.Device 所对应的 URI 是不同的。当数据变化时，需要对这两个 URI 调用 ContentResolver.notifyChange，这个操作会被多次调用执行，我们将其放在 notifyUris() 中实现，如代码清单 7.18 所示。

代码清单 7.18　notifyUris() 的实现

```
private void notifyUris(Uri affectedUri) {
    final ContentResolver contentResolver =
            getContext().getContentResolver();

    if (contentResolver != null) {
        contentResolver.notifyChange(affectedUri, null);
        contentResolver
                .notifyChange(DevicesContract
                        .DeviceManufacturer.CONTENT_URI, null);
    }
}
```

在 notifyUris() 方法中传入的 affectedUri 参数是 insert()、update()、delete() 方法中所用的 URI，为使得在数据发生变化时所有的 ContentObserver 都能得到通知，方法中对原先内容对应的 URI 和相关表对应的 URI 都进行通知。

总结

数据存入数据库后要做的下一个事情是读取并展示给用户。Android 框架中提供了一些类，使用这些类可简化这个工作。使用 cursor loader 可将业务代码在读取数据和更新 UI 时从线程交互的烦琐中解放出来。

通过使用 content observer，cursor loader 和 content provider 能在数据变化时，通知 Activity 和 Fragment 进行 UI 界面的更新。

当使用 RecyclerView 时，需要使用一个 adapter 将数据和 UI 进行适配。本章展示了一个使用这种 adapter 的例子，这种用法和前序章节中用于 ListView 的 CursorAdapter 很像。

第 8 章
使用 Intent 共享数据

Android 的特性之一是可以在同一个 App 或者外部 App 的不同组件间共享数据。前序章节讨论了使用 Content Provider 在 App 内部和外部进行数据共享。在 Android 中，这是非常有用的数据共享方式，但不是唯一的方式。

本章我们将讨论使用 Intent 相关的 API 实现数据共享。

发送 Intent

Intent 提供了一种方便的方式，将数据从一个组件传递到另外一个组件。这种方式在启动一个 Activity 或 service 并向其传递数据时使用得非常频繁。

显式 Intent

在下面的代码清单中，演示了当启动一个 Activity 时，使用显式 Intent 传递数据的典型用法。

代码清单 8.1　创建一个显式 Intent

```
Intent intent = new Intent(CurrentClass.this, TargetClass.class)
    .putExtra("NameOfExtra1", payload));
```

在上述代码清单中，创建的 Intent 之所以称为显式 Intent 是因为在构造函数中指定了接收这个 Intent 的目标组件: `TargetClass`。在代码清单 8.1 中，还使用 `Intent.putExtra()` 方法加入了一些目标组件可访问的数据。

显式 Intent 在同一个 App 中的不同组件之间共享数据非常有用，但如果要和不同的 App 组件共享，就需要使用隐式 Intent。

隐式 Intent

显式 Intent 和 隐式 Intent 之间的唯一区别在于他们所包含的数据。创建它们所用的类都是一样的，如代码清单 8.2 所示。

代码清单 8.2 创建一个隐式 Intent

```
Intent intent = new Intent(Intent.ACTION_SEND)
    .setType("text/plain")
    .putExtra(Intent.EXTRA_TEXT, payload));
```

和代码清单 8.1 不一样，创建一个隐式的 Intent 并未指定一个目标 Activity。相反，它指定了一个 action 和一个 MIME 类型。Android 系统会将这个 Intent 派发到合适的 Activity 上，这个 Activity 可能是在同一个应用内，也可能是在其他应用中。action 通过 Intent 的构造函数传入，MIME 类型通过 `Intent.setType()` 进行赋值。MIME 类型指示了 Intent 所包含的数据，Android 系统以此来查找合适的 Activity。

创建完 Intent 并设定了 MIME 类型后，可通过 `Intent.putExtra()` 设置真正的数据。Intent 的 `extra` 数据可看成是键/值对。在代码清单 8.2 中，`payload` 数据被放入 `Intent.EXTRA_TEXT` 字段。

Intent 创建并配置好数据后，就可用来启动 Activity，并在 Activity 中处理数据。

启动一个目标 Activity

使用显式 Intent 和隐式 Intent 很大的一点不同是：因为解析和查找 Activity 不是根据类名，而是 action 和 MIME 类型，所以可能会有多个 Activity 满足条件，也有可能没有 Activity 满足要求。当有多个 Activity 可处理这个 Intent 时，系统会显示一个选择对话框，如图 8.1 所示。

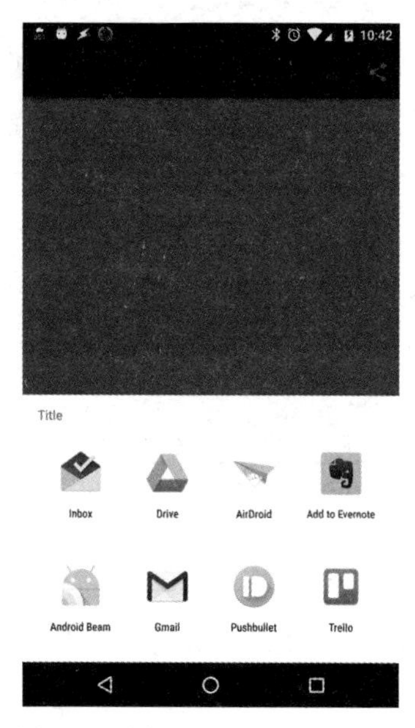

图 8.1　选择 Activity 的对话框

使用一个隐式 Intent 启动 Activity，可以直接将 Intent 传入 `Context.startActivity()`，也可使用 `Intent.createChooser()` 进行一次包装，然后将包装后的 Intent 传入 `Context.startActivity()`。在有多个候选 Activity 时，第一种方式会显示选择对话框。这个对话框可设定为每次都出现，也可设定为不出现。

不使用 Activity 选择对话框，同时也没有合适的 Activity，会引发一个运行时异常。最佳实践应该是用 `resolveActivity()` 先进行检查。代码清单 8.3 演示了在不使用 `Intent.createChooser()` 的情况下，如何安全地启动 Activity。

代码清单 8.3　安全地调用 `Context.startActivity()`

```
if (intent.resolveActivity(this.getPackageManager()) == null) {
    // 无法启动的处理，如一些提示所示
} else {
    startActivity(intent);
}
```

使用 `Intent.createChooser()` 可使得每次都会显示对话框，开发者还可自定义显示的标题。这样可引导用户选择合适的 Activity，在没合适的 Activity 的情况下，也不会产生运行时异常。像 `ACTION_SEND` 这样的 action，许多应用中的 Activity 都可以处理。这时，开发者会希望显示选择对话框让用户选择。当有多个 Activity 可选时，用户在选择时也可指定一个默认的 Activity。代码清单 8.4 演示了 `Intent.createChooser()` 的使用。

代码清单 8.4　调用 `Intent.createChooser()`

```
startActivity(intent.createChooser(intent, "自定义标题"));
```

用户选择了 Activity 后，选中的 Activity 便启动、接收并处理 Intent。下面的章节将介绍如何从隐式 Intent 中读取外部数据。

接收隐式 Intent

隐式 Intent 并没指定要启动的组件，为了实现查找，系统要有一个列表纪录哪个组件可以处理什么样的 Intent。在 AndroidManifest.xml 中，将一个 Activity 的定义中加入 Intent 过滤器，在应用安装时，这个 Activity 和对应的 Intent 就在系统中注册了。Intent 过滤器指定了其所在的 Activity 可处理的 Action 和 MIME 类型。当指定的 action 和 MIME 类型满足某个隐式 Intent 的要求时，这个 Activity 就会在选择对话框中出现。代码清单 8.5 演示的是在 `AndroidManifest.xml` 中的 Activity 定义 Intent 过滤器。

代码清单 8.5　Activity 中的 Intent 过滤器

```
<activity
   android:name=".MyActivity">
   <intent-filter>
      <action android:name="android.intent.action.SEND"/>
   </intent-filter>
</activity>
```

在上面的代码中，`MyActivity` 加了一个支持 `android.intent.action.SEND` 这种 action 的 Intent 过滤器。如果调用 `startActivity()` 时使用的 action 是 `android.intent.action.SEND`，那么 `MyActivity` 便会添加到可处理这个 Intent 的列表中。

> **注**
>
> `android.intent.action.SEND` 和 `Intent.ACTION_SEND` 是同一个 action。`Intent.ACTION_SEND` 这个常量用于 Java 代码，`android.intent.action.SEND` 用于 XML 文件中。

在 Intent 过滤器中，除了可指定 action，还可指定 MIME 类型。如，可在 Activity 中配置 Intent 过滤器，只处理 MIME 类型为 `image/png` 的 Intent。

使用 Intent 启动 Activity 之后，可使用 `Activity.getIntent()` 方法获取 Intent 对象，访问其中的 action、MIME 类型及其他数据。

虽然 Intent 过滤器会使得只有满足要求的 Intent 才会发送到对应的 Activity，但在 Activity 启动时需要进行例行的检查。因为 Activity 中的 Intent 过滤器可指定多个 action 或 MIME 类型，也就是说这个 Activity 可处理多种 action 和 MIME 类型。在这种情况下，一个既支持文本 URL 又支持二进制图像的 Activity，需要检查 MIME 类型，并根据不同的 MIME 类型进行不同的逻辑处理。

代码清单 8.6 展示了在 `Activity.onCreate()` 方法中接收 Intent 并验证处理其中的数据。

代码清单 8.6　处理 Intent

```
Intent intent = getIntent();
if (intent != null) {
    if (Intent.ACTION_SEND.equals(intent.getAction())
        && "text/plain".equals(intent.getType())) {
        String htmlPayload = intent.getStringExtra(Intent.EXTRA_TEXT);
        //.... process htmlPayload }
}
```

到目前为止，我们已经讨论了使用 Intent 进行数据收发的机理。在下面的章节，我们会讨论各种 action、MIME 类型及 Intent 中传递的数据的类型。

构造 Intent

使用隐式 Intent 之前，需要指定 action、MIME 类型，并设置相关的数据。前面的例子使用了 `ACTION_SEND` 这个 action，配合 `text/plain` 这个 MIME 类型，用来发送文本数据。Intent 的 API 支持很多 action，也可发送二进制数据到 Activity。

Action

在使用 Intent 时，可使用多种 action。使用 Intent 发送数据时，一般会用 `Intent.ACTION_SEND` 和 `Intent.ACTION_SEND_MULTIPLE`。

Intent.ACTION_SEND

ACTION_SEND 用于发送单条文本或者二进制数据到另一个组件。当发送数据时，使用 Intent.putExtra() 的一个接收非集合数据的重载方法往 Intent 中存放数据。

前面的例子使用的都是 Intent.ACTION_SEND。

Intent.ACTION_SEND_MULTIPLE

ACTION_SEND_MULTIPLE 用于发送多条数据。在准备数据时，使用 Intent.putExtra() 的一个支持接收集合参数的重载方法来设置数据，如代码清单 8.7 所示。

代码清单 8.7　使用 ACTION_SEND_MULTIPLE

```
String[] urls = {
   "URL1", "URL2", "URL3"
};

new Intent(Intent.ACTION_SEND_MULTIPLE)
   .setType("text/plain")
   .putExtra(Intent.EXTRA_TEXT, urls);
```

Activity 接收到上面代码发送的 Intent 后，可按数组类型从 Intent 中读取传入的数据。

根据 action 可知 Activity 传入的数据是一条还是多条，根据 MIME 类型可知传入的数据是什么类型。到目前为止，所有例子演示的都是文本类型，实际也可以发送二进制数据。

Extra

Extra 用于持有 Intent 中实际的数据，前面提到，这些数据可被认为是 key-value 结构的数据。按照惯例，在发送文本和二进制数据时，应该使用不同的 key，分别是 Intent.EXTRA_TEXT 和 Intent.EXTRA_STREAM。前者用于发送文本，后者用于发送二进制数据。

数据是按照不同的 key 进行存储的，读取数据时可按照 key 进行读取。当然，MIME 类型也可以很好地说明 Intent 包含了何种数据。使用 Intent.EXTRA_TEXT 作为 key 的数据，MIME 类型就应该是 text/*；而 MIME 类型为 image/* 的数据，就应该使用 Intent.EXTRA_STREAM 进行读取。

EXTRA_TEXT

EXTRA_TEXT 这个 key 用于往 Intent 中放入文本数据，对应的 MIME 类型一般有：text/plain 和 text/html。如，文本是 HTML 则用 text/html。

EXTRA_STREAM

EXTRA_STREAM 这个 key 用于往 Intent 中存放二进制数据。这个数据可以是图片、声音或是任何可用二进制表示的内容。在使用 EXTRA_STREAM 时，MIME 类型尤其重要，因为这个值指示了二进制数据到底是何种类型。代码清单 8.8 演示了往 Intent 中放入一个 JPEG 格式的二进制图片数据。

代码清单 8.8 设置 JPEG 格式

```
Intent intent = new Intent(Intent.ACTION_SEND)
    .setType("image/jpeg")
    .putExtra(Intent.EXTRA_STREAM, payload));
```

Extras 数据类型

Intent 类的 putExtra() 方法有很多重载，可往 extra 中放入不同类型的数据。这些方法的第一个参数都是字符串，第二个参数是要存入的数据。数据类型可为 Java 的各种原始数据类型：byte、short、int、long、float、double、boolean 和 char，以及这些类型的数组、字符串和字符串数组。

往 Intent 中放入其他对象时，会稍微复杂一些。putExtra() 方法并不支持放入一个实现 Serializable 接口的对象，因为 Serializable 依赖 Java 本身的序列化和反序列化机制，不够高效。

Android 设计有 Parcelable 接口，用于往 Intent 中放入对象。

Parcelable 接口

Parcelable 接口用来定义对象自身在 Intent 中该怎样被序列化和反序列化，如代表清单 8.9 所示。

代码清单 8.9 实现 Parcelable 接口

```
public class ParcelableClass implements Parcelable {

    private String stringField;
```

```
private int intField;
private float floatField;
private boolean booleanField;

public String getStringField() {
    return stringField;
}

public void setStringField(String stringField) {
    this.stringField = stringField;
}

public int getIntField() {
    return intField;
}

public void setIntField(int intField) {
    this.intField = intField;
}

public float getFloatField() {
    return floatField;
}

public void setFloatField(float floatField) {
    this.floatField = floatField;
}

protected ParcelableClass(Parcel in) {
    this.stringField = in.readString();
    this.intField = in.readInt();
    this.floatField = in.readFloat();
    this.booleanField = in.readInt() == 1;
}

@Override
public int describeContents() {
    return 0;
}

@Override
public void writeToParcel(@NonNull Parcel dest, int flags) {
```

```
        dest.writeString(stringField);
        dest.writeInt(intField);
        dest.writeFloat(floatField);
        dest.writeInt(booleanField ? 1 : 0);
    }

    public static final Creator<ParcelableClass> CREATOR =
            new Creator<ParcelableClass>() {
                @Override
                public ParcelableClass createFromParcel(Parcel in) {
                    return new ParcelableClass(in);
                }

                @Override
                public ParcelableClass[] newArray(int size) {
                    return new ParcelableClass[size];
                }
            };
}
```

在上面代码中的类，除了 bean 风格的 getter 和 setter 之外，还有 Parcelable 接口的实现，包括：

- 一个非公开的构造函数；
- describeContents() 函数；
- writeToParcel() 函数；
- CREATOR 成员变量。

写数据到 Parcel

Parcelable.writeToParcel() 方法负责往 parcel 对象中写入类实例的信息，parcel 对象最终负责重建这个类。

在代码清单 8.9 中，writeToParcel() 调用 parcel 对象的几个不同的 write 方法将 ParcelableClass 数据写入 parcel 中。Parcel 对象的这些方法可将不同类型的数据安全地进行打包操作。需要注意的是，parcel 对象没有可打包 boolean 类型的方法，在代码清单 8.9 中，它使用一个 int 值来代表 boolean 类型。

CREATOR

实现 Parcelable 接口的类，强制要求有一个非空的 CREATOR 静态成员，这个成员需要实现 Parcelable.Creator 接口。Android 系统会对这个实现进行检查。Parcelable.Creator 接口包含了两个方法：一个用于对应类型的新数组；另一个用来从 parcel 对象中重建实例。在 CREATOR.createFromParcel() 中传入的 parcel 对象中包含的数据和 ParcelableClass.writeToParcel() 时写入的数据是一样的。

从 Parcel 中读取数据

ParcelableClass() 的构造函数用于从 parcel 对象中重建类的实例。代码清单 8.9 中的构造函数，从 parcel 读取数据，赋值给成员变量。请注意，在读取数据时，没有使用和成员变量名相关的方法，依靠的是读取数据。读取数据和写入顺序需保持一致。

什么不该放到 Intent 中

使用 Parcelable，几乎可以将任何数据放到 Intent 中，并发送给另外一个 Android 组件。有时这个组件可能在另一个应用和另一个进程中。但我们应该时刻保持清醒，不是所有的对象都适合使用这样的方式进行传递。

我们在前面的章节介绍过 Cursor 这个类。使用 Parcelable，或者用 Java 标准的序列化方式，把一个 Cursor 对象变成二进制数据，放到 Intent 中传递到另外一个组件，然后在另外一个组件中，进行数据库操作。这个想法想想就让人心动。但实际上，这样做存在一些问题。Cursor 对象之下维护着数据库的连接、监听着数据的变化。在使用 Parcelable 重建时，无法处理这些细节，而标准的序列化做法在反序列化时，又没有很好地处理这些细节。使用 Intent 传递这些数据到另外一个组件后，无法还原之前的状态。另外，使用 Intent 进行数据传递时，数据的大小是有限制的，过大的数据会导致运行时异常。

ShareActionProvider

ShareActionProvider 使得一个 Activity 可以利用标题栏，利用简单的代码构建 Intent 来发送数据。前面我们提到，使用隐式 Intent 启动 Activity，如果有多个 Activity 可处理对应的 action 和 MIME 类型，就会有一个选择对话框让用户选择合适的 Activity。

ShareActionProvider 简化了构造 Intent 和处理多个 Activity 可响应的情况。在之前的图 8.1 中，出现的是一个选择对话框，点击标题栏分享按钮出现的界面如图 8.2 所示。

图 8.2 Share Action Provider

和图 8.1 不同，这里出现的是一个下拉菜单，可处理这个 Intent 的 Activity 都在这个菜单中。同时用户上次的选择在下拉菜单的右上方，分享按钮旁。这可方便用户直接使用上次的选择而不用进行额外的操作。

使用 ShareActionProvider 需要做的有：

- 给 Activity 加入一个菜单。
- 给 ShareActionProvider 设置用来启动 Activity 的 Intent。
- 响应标题栏的按钮点击事件。

Share 菜单

在使用 ShareActionProvider 之前，需要把它包含到一个菜单中。下面的代码定义了一个菜单，它包含有一个附加到 ShareActionProvider 的按钮。

代码清单 8.10 Share Action Provider 的菜单定义

```
<menu xmlns:android=" schemas.android.com/apk/res/android"
  xmlns:app=" schemas.android.com/apk/res-auto">
    <item android:id="@+id/action_share"
        android:title="@string/action_share"
        app:showAsAction="always"
```

```
    app:actionProviderClass="android.support.v7.widget.ShareActionProvider"/>
</menu>
```

> **注**
>
> 因 ShareActionProvider 是在 API 14 后引入的，为解决兼容性问题，需用 support 库。

ShareActionProvider 是更一般的 ActionProvider 的特殊化。声明 ShareActionProvider 为 ActionProvider 是通过 app:actionProviderClass="android.support. v7.widget. ShareActionProvider" 这行代码完成的。

在资源文件中完成声明后，需要有 Activity 的 Java 代码中指定点击 ShareActionProvider 后要发送的 Intent。这个配置在 Activity.onCreateOptionsMenu() 中完成，如代码清单 8.11 所示。

代码清单 8.11　使用 on create OptionsMenu 配置 ShareActionProvider

```
@Override
public boolean onCreateOptionsMenu(Menu menu) {
    MenuInflater inflater = getMenuInflater();
    inflater.inflate(R.menu.activity_device_detail, menu);

    MenuItem menuItem = menu.findItem(R.id.action_share);
    shareIntent = new Intent(Intent.ACTION_SEND)
                .setType("text/plain");

    ShareActionProvider provider = (ShareActionProvider) MenuItemCompat
          .getActionProvider(menuItem);
    provider.setShareIntent(shareIntent);

    return true;
}
```

在上面的代码中，先找到声明在资源文件中的 MenuItem，然后找到 MenuItem 的 ActionProvider。完成类型转换之后，设置启动 Activity 需要的 Intent。这个 Intent 和之前所述没有任何区别。ShareActionProvider 并不会操纵和干涉 Intent 如何传递信息，它只是提供了一个简单的方式，可以为这个过程加入交互界面。

总结

前面的章节讨论了怎样使用 `ContentProvider` 在不同应用的 Activity 之间共享数据。本章说明了数据共享也可通过 Intent 来实现。

隐式 Intent 没有指定要启动的 Android 组件，只是指定了 Action、MIME 类型和要共享的数据。通过使用 MIME 类型，Intent 可定义其包含的数据的类型。Intent 中可包含文本和二进制数据，根据惯例，不同的数据需要使用不同的 key 以便更好区分。

使用 `ShareActionProvider` 可为应用快捷加入分享功能。`ShareActionProvider` 仍旧使用 Intent 进行数据传递，但省去了一些代码，同时提供了一个统一的交互界面。

第 9 章 网络通信

随着应用的复杂性增加和移动设备处理能力的不断提升，开发人员和 Web API 进行交互的需求日益旺盛。和 Web API 大量交互的同时，又大大增加了应用设计和代码实现的复杂性。本章将讨论应用开发中服务器通信的常见问题，同时介绍了一些降低开发难度的工具，提升用户体验的准则。

REST 和 Web Services

REST 是 Representational State Transfer 的缩写，意思是表述性状态传递。移动设备进行通信的后端服务一般会采用 REST 架构。通过这些服务，可进行数据的增删改查。REST 体系结构在用于后端实现的多个平台和语言中得到了很好的支持。

REST 简介

REST 是 Roy Thomas Fielding 在 2000 年提出的一个软件架构。它并不是一个正式的规范，只是提出了一个 REST 风格的 Web 服务需要遵循的约束。虽然目前很多 Web 服务都声称是 REST 风格的，但实际并没完全遵照这些约束。完整约束列表如下。

- **CS 架构**：CS（客户端-服务器端）在 REST 体系中扮演着不同的角色。他们之间存在提供了系统的分离性。客户端不需要担心诸如数据存储这样的细节，服务器也可忽略向用户显示数据时的 UI 细节。REST API 是客户端和客户端之间通信的桥梁。
- **无状态**：服务器没有储存客户端各个请求之间的信息，每个请求都是自包含的，可提供服务器端执行相应操作的所有数据。

- **可缓存：**来自于服务器的响应会被标记为是否可被缓存，客户端中的组件可根据需要缓存响应数据以便重用。
- **分层系统：**系统中的所有层都应该是独立的，这样它们不知道系统中其他层的实现细节。在需要时可将层无缝地添加到系统中或从系统中删除。
- **按需编码：**在适当的情况下，服务器可以更改客户端功能，而无须更改服务器功能。
- **统一接口：**REST 接口对于系统中的所有服务器和客户端都是相同的。

虽然不是每个 Web 服务都会遵循所有的 REST 约束，但是它们至少会遵循其中的一些约束，这使它们具有了类似的体系结构和相同的能力，可以用类似的方式进行访问。因为它们的目的是提供可被远程计算机访问的 API，所以将这些类型的 Web 资源称为 Web API 而不是 Web 服务可能更合适。

REST 风格的 Web API

许多现代 Web API 遵循类似于 REST 的体系结构。虽然 Web API 可能无法实现 REST 定义的所有约束，但至少实现了很大一部分，需要额外的工程工作来实现每个正式的 REST 约束。没有全部实现的原因主要是追求便利——在很多系统中，为了满足全部约束而要付出额外的工程代价通常是没有意义的。

在本章中，访问一个 Web API 指的是使用 HTTP 协议，基于 JSON 格式和远程 API 进行通信。随着远程服务为客户端提供轻量级接口成为一种趋势，这种做法会变得越来越普遍。

使这些 API 成为 REST 风格的原因在于它们的访问方式。通常，访问 API 指的是使用一个标准的 HTTP 方法将请求发送到一个具体的 URL。这个 URL 的路径通常定义要操纵或者访问的数据。

比如 Twitter 使用 REST 风格的 API 来供远程的客户端访问数据，获取一个用户的动态，或者发布一个 Twitter。要访问一个用户的 twitter 列表，发送一个 `GET` 请求到链接 6 即可。假设这个请求包含了合法的凭证，这个 API 将会返回 JSON 格式的用户动态列表。

这样的 API 的体系结构支持向 Web API 写入数据。以 Twitter 的 Web API 为例，客户端可发送一个 HTTP POST 请求到链接 7 来发送 Twitter。这个 POST 请求通常会有一个请求体，比如要发布的 Twitter 的内容，另外还包含了请求所必须的其他参数。这个请求体也是 JSON 格式的。

虽然 REST 和类似 REST 风格的 API 不是支持远程客户端访问数据的唯一方法，但是由于它们很简单，所以使用越来越广泛。发布一个 API 需要设置 HTTP 服务器来处理请求，并确保描述 API 的文档是公开可访问的。

本章的其余部分使用术语 Web API 和 Web 服务均指遵循此类 REST 模式的远程 Web 资源。

访问 Web API

本章开始时提到在 Android 中访问 Web 服务是较为复杂的。虽然 Android 的标准 SDK 中有一些可成功访问 Web 服务的工具，但是开发者需要补充很多细节实现。Android SDK 包含多个 HTTP 客户端及帮助读取和写入 JSON 的类。这个章节将介绍如何使用这些 API 来访问 HTTP/JSON Web 服务，以及这过程中要解决的问题。

使用 Android 标准 API 访问 Web Service

为使用 HTTP 协议来访问 Web 服务，需要使用 HTTP 客户端来发送请求到 Web 服务并读取响应。因历史原因，Android 中有多个 HTTP 客户端，但从 Android 2.3 开始推荐使用 `HttpURLConnection`，其他之前的客户端应弃用。

和 Web Service 进行通信

发送一个 HTTP 请求之前，需要和 HTTP 服务器建立连接，如代码清单 9.1 所示。

代码清单 9.1　建立 `HttpURLConnection` 连接

```
HttpURLConnection connection = null;
StringBuffer buffer = new StringBuffer();
JSONObject response = null;
BufferedReader reader = null;

try {
    connection =
            (HttpURLConnection) new URL(params[0])
                    .openConnection();

    InputStream input =
            new BufferedInputStream(connection.getInputStream());
```

```
    reader = new BufferedReader(new InputStreamReader(input));
    String line;

    while ((line = reader.readLine()) != null) {
        buffer.append(line);
    }

    response = new JSONObject(buffer.toString());
    // 处理数据
    // ...
} catch (IOException | JSONException e) {
     // 记录异常
} finally {
    if (connection != null) {
        connection.disconnect();
    }

    if (reader != null) {
        try {
            reader.close();
        } catch (IOException e) {
                // 处理关闭时异常，不过一般不处理
        }
    }
}
```

在上面的代码中，除了发送请求到 Web API，还读取了响应，用 JSON API 来解析数据进行后续的数据处理。

代码清单 9.1 中的代码结构并不算太复杂，不过确实呈现了一些复杂性。这复杂性会随着应用的复杂性及所需请求数的增加而增加。比如，为了更好的用户体验，需要处理可能会出现的种种错误，如无网或弱网情况、请求超时、Web API 返回错误等。

代码清单 9.1 中的代码是网络请求，需要注意的一点是，不能发生在主线程中。从 Android 3.0 起，在主线程中进行网络请求还会抛出 NetworkOnMainThreadException。旧版本没进行检查，会阻塞线程，引发 ANR。我们需要在后台线程中进行网络请求，请求完成后又要在 UI 线程中更新显示。解决这个问题的一个办法是使用如 AsyncTask 这样的 API，如代码清单 9.2 所示。

代码清单 9.2　使用 **AsyncTask** 进行网络请求

```
public class NetworkCallAsyncTask
      extends AsyncTask<String, Void, JSONObject> {

   @Override
   protected JSONObject doInBackground(String... params) {
      HttpURLConnection connection = null;
      StringBuffer buffer = new StringBuffer();
      JSONObject response = null;
      BufferedReader reader = null;

      try {
         connection =
               (HttpURLConnection) new URL(params[0])
                     .openConnection();

         InputStream input =
               new BufferedInputStream(connection.getInputStream());

         reader = new BufferedReader(new InputStreamReader(input));
         String line;

         while ((line = reader.readLine()) != null) {
            buffer.append(line);
         }

         response = new JSONObject(buffer.toString());

         // 处理数据
         // ...
      } catch (IOException | JSONException e) {
         // 记录异常
      } finally {
         if (connection != null) {
            connection.disconnect();
         }

         if (reader != null) {
            try {
               reader.close();
            } catch (IOException e) {
```

```
                // 处理关闭时异常，不过一般不处理
            }
        }
    }

    return response;
}

@Override
protected void onPostExecute(JSONObject response) {
    super.onPostExecute(response);
    // 更新 UI 显示
}
}

// 使用 NetworkCallAsyncTask 的 Activity
public class NetworkActivity extends Activity {

    private AsyncTask networkCallAsyncTask;

    @Override
    protected void onStart() {
        super.onStart();
        networkCallAsyncTask = new NetworkCallAsyncTask()
                .execute("remote-web-server");

    }

    @Override
    protected void onStop() {
        super.onStop();
        networkCallAsyncTask.cancel(true);
    }
}
```

在代码清单 9.2 中，`doInBackground()` 方法会在后台线程运行，`onPostExecute()` 又切换回主线程。在 Activity 的 `onStart()` 方法中，调用 `NetworkCallAsyncTask.execute()` 开始进行网络请求。

上面的代码虽然解决了线程切换的问题，但是仍然存在一些问题。在网络通话时，很多因素影响整个进程的时间，这取决于网络情况、服务器负载、数据量大小和数据解析时间，从发起网络请求到数据处理完毕到可在 UI 界面上为止，可能要经历数秒。这些操作都在后台线程中进行，用户可在各个 Activity 之间切换。在数据可用时，之前发起网络请求的 Activity 可能已经被销毁了，试图更新 UI 时有可能会引发一些运行时异常。

为处理这种情况，启动 AsyncTask 的 Activity 转到后台，在有可能被回收时，应该取消该任务。同时 AsyncTask 也要检查自身是否已经被取消。代码清单 9.3 展示了在 AsyncTask 中处理生命周期事件及如何取消任务。

代码清单 9.3 Adding Cancel Support to AsyncTask

```
public class NetworkCallAsyncTask
      extends AsyncTask<String, Void, JSONObject> {

   @Override
   protected JSONObject doInBackground(String... params) {
      HttpURLConnection connection = null;
      StringBuffer buffer = new StringBuffer();
      JSONObject response = null;
      BufferedReader reader = null;

      try {
         connection =
                (HttpURLConnection) new URL(params[0])
                      .openConnection();

         InputStream input =
                new BufferedInputStream(connection.getInputStream());

         reader = new BufferedReader(new InputStreamReader(input));
         String line;

         while ((line = reader.readLine()) != null) {
            buffer.append(line);
         }

         if (!isCancelled()) {
            // 如果取消，则不再处理数据
            response = new JSONObject(buffer.toString());
         }

         // 处理数据
```

```
            // ...
        } catch (IOException | JSONException e) {
            // 记录异常
        } finally {
            if (connection != null) {
                connection.disconnect();
            }

            if (reader != null) {
                try {
                    reader.close();
                } catch (IOException e) {
                    // 处理关闭时异常，不过一般不处理
                }
            }
        }

        return response;
    }

    @Override
    protected void onPostExecute(JSONObject response) {
        super.onPostExecute(response);
        if (!isCancelled()) {
            // 更新 UI 显示
        }
    }
}


// 使用 NetworkCallAsyncTask 的 Activity
public class NetworkActivity extends Activity {

    private AsyncTask networkCallAsyncTask;

    @Override
    protected void onStart() {
        super.onStart();
        networkCallAsyncTask = new NetworkCallAsyncTask()
                .execute("remote-web-server");

    }
```

```
    @Override
    protected void onStop() {
        super.onStop();
        // 取消任务
        networkCallAsyncTask.cancel(true);
    }
}
```

在代码清单 9.3 中，生命周期事件和任务取消都得到了妥善的处理。

AsyncTask 是解决进行网络请求时，处理生命周期和线程交互这种较为复杂问题的一个解决方案，除此之外，还有其他很多方案。有一些方案是使用 IntentService 或者开发者自己处理线程。这些也都是相对比较复杂的方案，开发者要处理很多细节。另外，有一些开发者会选用如 RxJava 这样的第三方框架作为解决方案。RxJava 不是 Android SDK 中的组件，需要作为第三方依赖引入到项目中。

从服务器端收到的数据要进行处理，转换成业务代码可用的结构。如果使用 JSON 作为数据交换程式，则返回的 JSON 格式的数据要转换成 Java 对象，以方便应用代码使用和存入数据库。未经处理的 JSON 格式的数据虽然也可在应用业务代码中使用，但是这样看起来似乎过于单调。

处理 JSON 格式

从代码清单 9.1 到代码清单 9.3，我们看到，Android SDK 自带处理 JSON 格式的 API。代码清单 9.4 展示了如何将 JSON 对象转换成 Java 对象。

代码清单 9.4　将 JSON 对象转换成 Data Model

```
public class NetworkCallAsyncTask
        extends AsyncTask<String, Void, List<Manufacturer>> {
    @Override
    protected List<Manufacturer> doInBackground(String... params) {
        HttpURLConnection connection = null;
        StringBuffer buffer = new StringBuffer();
        BufferedReader reader = null;
        List<Manufacturer> manufacturers = new ArrayList<>();

        try {
            connection =
                    (HttpURLConnection) new URL(params[0])
```

```
            .openConnection();

    InputStream input =
            new BufferedInputStream(connection.getInputStream());

    reader = new BufferedReader(new InputStreamReader(input));
    String line;

    while ((line = reader.readLine()) != null) {
        buffer.append(line);
    }

    if (!isCancelled()) {
        JSONObject response = new JSONObject(buffer.toString());

        JSONArray jsonManufacturers =
                response.getJSONArray("manufacturers");

        for (int i = 0; i < jsonManufacturers.length(); i++) {
            JSONObject jsonManufacturer =
                    jsonManufacturers.getJSONObject(i);

            Manufacturer manufacturer = new Manufacturer();

            manufacturer
                    .setShortName(jsonManufacturer
                            .getString("short_name"));

            manufacturer
                    .setLongName(jsonManufacturer
                            .getString("long_name"));

            JSONArray jsonDevices =
                    jsonManufacturer.getJSONArray("devices");

            List<Device> devices = new ArrayList<>();

            for (int j = 0; j < jsonDevices.length(); j++) {
                JSONObject jsonDevice =
                        jsonDevices.getJSONObject(j);

                Device device = new Device();
```

```
                device.setDisplaySizeInches((float) jsonDevice
                        .getDouble("display_size_inches"));

                device.setNickname(jsonDevice
                        .getString("nickname"));

                device.setModel(jsonDevice.getString("model"));

                devices.add(device);
            }

            manufacturer.setDevices(devices);
            manufacturers.add(manufacturer);
        }
    }
} catch (IOException | JSONException e) {
} finally {
    if (connection != null) {
        connection.disconnect();
    }

    if (reader != null) {
        try {
            reader.close();
        } catch (IOException e) {
            // 处理关闭时出现的异常，不过一般不处理
        }
    }
}

    return manufacturers;
}

@Override
protected void onPostExecute(List<Manufacturer> manufacturers) {
    super.onPostExecute(manufacturers);

    if (!isCancelled()) {
        // 更新 UI 显示
    }
```

```
    }
}
```

在代码清单 9.4 中，使用 Android SDK 自带的 JSON API 将 Web API 的 JSON 响应转成 Java 的 POJO。这个转换过程由开发者手动完成。

到此为止，我们已经有一个较为合理的解决方案，可以实现从远程 Web 服务收发数据。但这个解决方案需要非常多的手工编码，新增一个 API 又要有许多相似的代码，同时还得修改 NetworkCallAsyncTask 使之可从不同的 JSON 对象映射到不同的数据模型。虽然这种方法有效，但是还有其他工具和库通过解决线程、Activity 生命周期、JSON 解析等问题来简化代码。接下来我们将讨论 Retrofit 和 Volley 两种方案。

使用 Retrofit 访问 Web Service

Retrofit 是一个流行的用于和 Web 服务通信的开源解决方案。Retrofit 可大大减轻网络通信及处理线程交互细节的痛苦。应用只需要告诉 Retrofit 所要发起的请求，剩下的后台线程请求数据、请求完成后回调主线程等细节，都不用再操心了，Retrofit 会处理。

在处理较底层的通信细节方面，Retrofit 支持使用第三方库来序列化和反序列化数据。应用可指定所要的 converter 用于转换数据。数据格式方面支持主流的格式，分别是 JSON、XML 和 protocol buffer。

除了对通信请求和序列化的支持，Retrofit 还可取消一个未收到响应的请求。如果未取消请求，那么 Activity 销毁 view 被回收后，请求回调（如匿名函数）仍持有对 Activity 的引用，请求完成后试图更新 view 时会造成空指针异常这样的问题。

引入 Retrofit

将 Retrofit 加入到工程的 build.gradle 中，如代码清单 9.5 所示。

代码清单 9.5 build.gradle

```
final RETROFIT_VERSION = '2.0.0'
compile "com.squareup.retrofit2:retrofit:${RETROFIT_VERSION}"
compile "com.squareup.retrofit2:converter-gson:${RETROFIT_VERSION}"
compile "com.squareup.okhttp3:logging-interceptor:3.2.0"
```

在代码清单 9.5 中，有 Retrofit 的核心类库 com.squareup.retrofit2:retrofit 和 GSON 转换器 com.squareup.retrofit2:converter-gson。

异步请求的发送、数据的接收、请求的取消都在核心类库中。GSON 转换器可将 JSON 格式的数据转换成 POJO。GSON 是 Google 开源的一个非常流行的类库，通过成员变量名匹配或注解，将 JSON 格式的数据和对象映射起来。像 GSON 这样的类库，可替换 Android 标准 JSON API，并减少将 JSON 数据映射到属性的手动编码工作。

第三行 `com.squareup.okhttp3:logging-interceptor` 提供了 HTTP 请求和响应的日志支持。这将在后续章节详细讲述。`build.gradle` 加入以上内容后，Gradle 会下载所需的依赖包。

使用 Retrofit

把 Retrofit 加入到项目中后，使用 Retrofit 可大大减轻和 Web 服务通信的痛苦。首先，我们需要通过声明一个接口来定义一个 Web 服务。接口声明好之后，就可在应用中调用了。这种接口定义给开发者带来面向对象调用 Web 服务的体验：将请求参数封装成对象传入，请求结果作为对象返回。接口的实现由 Retrofit 完成。代码清单 9.6 展示了一个接口，这个接口定义了一个获取设备和制造商的列表的 Web API，如下所示。

代码清单 9.6 定义一个 Web 服务

```
public interface DeviceService {
   @GET("v2/570bbaf6110000b003d17e3a")
   Call<ManufacturersAndDevicesResponse> getManufacturersAndDevices();
}
```

在代码清单 9.6 中，`DeviceService` 接口包含一个 `getManufacturersAndDevices()` 方法。这个方法有一个 `GET` 注解，说明这个 Web 服务应该使用 GET 方法。注解中包含 Web 服务对应的路径，至于 URL 对应的协议和主机名，则在从 Retrofit 获取接口具体实现时指定。

`getManufacturersAndDevices()` 方法返回一个 `Call` 接口的实例。`Call` 接口可用来进行同步和异步请求。同步请求在当前线程进行，异步请求则在另外的后台线程完成。

代码清单演示了如何使用 Retrofit 获取 `DeviceService` 接口的实例。因为 Retrofit 的配置在整个应用中的配置经常是一样的，另外初始化 Retrofit 也是一个较为昂贵的操作，所以我们用单例模式对 Retrofit 进行封装。创建 Retrofit 的过程，使用的是 `Retrofit.Builder()` 方法，如下所示。

代码清单 9.7 配置 Retrofit

```
public class WebServiceClient {
    private static final String TAG =
            WebServiceClient.class.getSimpleName();

    private static WebServiceClient instance = new WebServiceClient();

    private final DeviceService service;

    public static WebServiceClient getInstance() {
        return instance;
    }

    private WebServiceClient() {
        final Gson gson = new GsonBuilder()
                .setFieldNamingPolicy(FieldNamingPolicy
                        .LOWER_CASE_WITH_UNDERSCORES)
                .create();

        Retrofit.Builder retrofitBuilder = new Retrofit.Builder()
                .baseUrl("mocky.io")
                .addCallAdapterFactory(RxJavaCallAdapterFactory.create())
                .addConverterFactory(GsonConverterFactory.create(gson));

        if (BuildConfig.DEBUG) {
            final HttpLoggingInterceptor loggingInterceptor =
                    new HttpLoggingInterceptor(new HttpLoggingInterceptor
                            .Logger() {
                @Override
                public void log(String message) {
                    Log.d(TAG, message);
                }
            });

            retrofitBuilder.callFactory(new OkHttpClient
                    .Builder()
                    .addNetworkInterceptor(loggingInterceptor)
                    .build());

            loggingInterceptor.setLevel(HttpLoggingInterceptor.Level.BODY);
        }
```

```
        service = retrofitBuilder.build().create(DeviceService.class);
    }

    public DeviceService getService() {
        return service;
    }
}
```

为了使用 GSON，我们使用 `GsonBuilder` 构造创建和配置 `GSON` 实例。在代码清单 9.7 中，使用了 `LOWER_CASE_WITH_UNDERSCORES` 这个命名策略。命名策略用来控制 GSON 如何将 JSON 数据的字段映射到 POJO 中。使用 `LOWER_CASE_WITH_UNDERSCORES` 对应的策略将下画线小写风格的字段映射成驼峰风格的 POJO 的属性名。

构建好 `GSON` 实例后，再传递给 `Retrofit.Builder()`，同时传入的还有 URL 前缀。配置好 `Retrofit.Builder` 后，可用它生成前面定义的 `DeviceService` 接口的实例。URL 前缀加上代码清单 9.6 中提到的部分路径就是所访问的完整的 URL，见链接 8。

在代码清单 9.7 中，还为应用在开发时加入了日志支持。Retrofit 使用 OkHttp 作为 HTTP 客户端。OkHttp 替代了本章最开始提到的 `HttpURLConnection`。OkHttp 功能强大，它所具有的拦截器特性，允许开发者定义处理请求和响应。使用 `OkHttpLoggingInterceptor` 这个拦截器打印出每个请求和响应，这些日志在开发时非常有用。在 LogCat 中可看到下面日志，如代码清单 9.8 所示。

代码清单 9.8 `OkHttpLoggingInterceptor` 的输出

```
D/WebServiceClient: --> GET mocky.io/v2/570bbaf6110000b003d17e3a
➥http/1.1
D/WebServiceClient: Host: www.mocky.io
D/WebServiceClient: Connection: Keep-Alive
D/WebServiceClient: Accept-Encoding: gzip
D/WebServiceClient: User-Agent: okhttp/3.2.0
D/WebServiceClient: --> END GET
D/WebServiceClient: <-- 200 OK mocky.io/v2/570bbaf6110000b003d17e3a (644ms)
D/WebServiceClient: Server: Cowboy
D/WebServiceClient: Connection: keep-alive
D/WebServiceClient: Date: Thu, 30 Aug 2018 01:48:08 GMT
D/WebServiceClient: Content-Type: application/json
D/WebServiceClient: Content-Length: 944
D/WebServiceClient: Via: 1.1 vegur
```

```
D/WebServiceClient: OkHttp-Sent-Millis: 1535593687094
D/WebServiceClient: OkHttp-Received-Millis: 1535593687737
D/WebServiceClient: {
                      "manufacturers": [
                        {
                          "short_name": "Samsung",
                          "long_name": "Samsung Electronics",
                          "devices": [
                            {
                              "model": "Nexus S",
                              "nickname": "Crespo",
                              "display_size_inches": 4.0,
                              "memory_mb": 512
                            },
                            {
                              "model": "Galaxy Nexus",
                              "nickname": "Toro",
                              "display_size_inches": 4.65,
                              "memory_mb": 1024
                            }
                          ]
                        },
                        {
                          "short_name": "LG",
                          "long_name": "LG Electronics",
                          "devices": [
                            {
                              "model": "Nexus 4",
                              "nickname": "Mako",
                              "display_size_inches": 4.7,
                              "memory_mb": 2048
                            }
                          ]
                        },
                        {
                          "short_name": "HTC",
                          "long_name": "HTC Corporation",
                          "devices": [
                            {
                              "model": "Nexus One",
                              "nickname": "Passion",
                              "display_size_inches": 3.7,
```

```
                    "memory_mb": 512
                  }
                ]
              }
            ]
          }
D/WebServiceClient: <-- END HTTP (944-byte body)
```

在日志清单 9.8 中，有请求和响应的 header 及响应中的 JSON 数据。在请求的 header 中，`Accept-Encoding` 设置成了 `gzip`，这个值告诉服务器，客户端可接受 gzip 压缩的数据。OkHttp 会自动处理收到的数据是否是压缩的，这部分对开发者是透明的，开发者不用操心。

`OkHttpLoggingInterceptor` 会纪录所有的数据，在分发给应用市场的包中这样做，不仅会带来不必要的性能消耗，还会造成用户隐私数据的泄漏。在代码清单 9.7 中，只在 `BuildConfig.DEBUG` 为 true 时，才进行日志记录。

通过 `callFactory()` 设置好 `OkHttpClient` 后，用 `Retrofit.Builder` 创建的 `DeviceService` 实例就可供调用了，如代码清单 9.9 所示。

代码清单 9.9　使用 Retrofit 进行网络请求

```
Call<ManufacturersAndDevicesResponse> call = WebServiceClient
        .getInstance()
        .getService().getManufacturersAndDevices();

call.enqueue(new Callback<ManufacturersAndDevicesResponse>() {

            @Override
            public void onResponse(Call<ManufacturersAndDevicesResponse> call,
                    Response<ManufacturersAndDevicesResponse> response) {
                // 处理响应
            }

            @Override
            public void onFailure(Call<ManufacturersAndDevicesResponse> call,
                    Throwable t) {

                // 处理错误
            }
```

```
        }
);
```

前面提到，可以使用同步和异步方式进行 Web 请求。代码清单 9.9 中使用异步方式，可安全地在 UI 线程中调用。异步请求是通过 `Call.enqueue()` 方法完成的，这个方法需要传入一个 `Callback` 接口作为参数。当请求完成或者失败时，会回调接口对应的方法。

接口定义了两个方法，`onResponse()` 和 `onFailure()` 分别在成功时和失败时回调。在 `onResponse()` 方法中，有一个 `Response` 对象，其中包含除请求的状态码和原始的响应外，还有一个经反序列化后得到的 POJO。应用直接使用这个 POJO 会比使用 JSON 格式的数据方便很多。

异步请求可能带来如 Activity 泄漏、内存泄漏等问题。`Call.cancel()` 方法可"取消"一个还未完成的请求，这对于解决这些问题非常关键。根据实际业务，可在 Activity 的 `onStop()` 或者 `onDestory()` 中调用 `Call.cancel()` 方法。

以上是对 Retrofit 一个概要性的介绍。需要注意的是，`Call.cancel()` 方法是在 Retrofit2 中引入的。

使用 Volley 访问 Web Service

Volley 最初是 Google 内部的一个项目，用来处理网络请求。和 Retrofit 一样，它也在后台进行网络请求，而后将数据回调于 UI 线程；另外，它还可以"取消"网络请求，使得网络请求的响应不会再投递给已经销毁的 Activity。

引入和配置 Volley

Volley 是 Android 开源项目（ASOP）的一部分，最开始时，并没打包发布，需要下载 ASOP 项目，然后在工程中引入。现在方便多了，可直接通过 gradle 引入，引入方式如下。[1]

代码清单 9.10　引入 Volley

```
dependencies {
    ...
    compile 'com.android.volley:volley:1.1.1'
}
```

1 最初，Volley 项目是需要另外下载引入的。但很快，就可以用 gradlew 直接引入了。原文提到的这种方式也从文档中移除了，之后再没人这样引用了。——译者注

Volley 代码也同步到了 GitHub，获取非常方便，如下所示。

代码清单 9.11　获取 Volley 源码[1]

```
git clone https://github.com/google/volley
```

将 Volley 引入到项目中后，我们将介绍如何使用 Volley。

使用 Volley

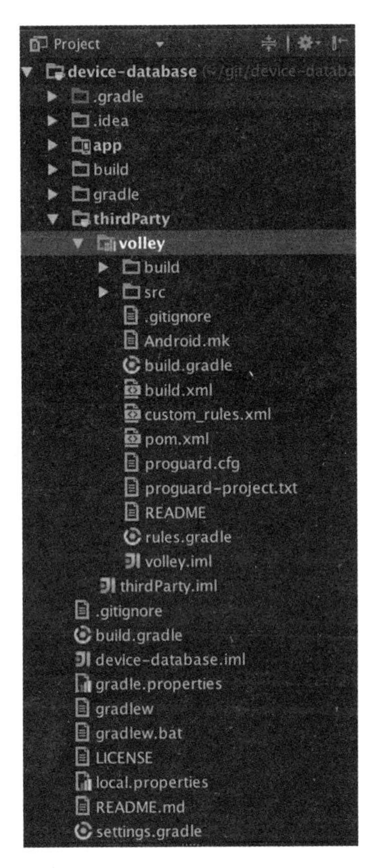

图 9.1　Volley in Android Studio

Volley 和 Retrofit 不太一样，Retrofit 将每个 Web 服务包装成一个包含调用方法的接口。Volley 则将每个请求映射成一个 request 对象，然后传给 `RequestQueue`。同样地，请求完

1 本着所述方法，在项目打包发布后，已经被官方弃用。相关内容我也移除，否则会对读者造成很大误导。如果需要下载代码的话，请直接从 GitHub 获取代码。——译者注

成会将结果回调。

配置 RequestQueue 的一个最佳实践使用单例模式是在整个 App 中统一使用一个 RequestQueue。在“设备信息管理”这个示例应用中，有一个 VolleyApiClient 处理了 RequestQueue 的配置，具体细节如代码清单 9.12 所示。

代码清单 9.12　VolleyApiClient 的具体实现

```
public class VolleyApiClient {
   private static VolleyApiClient instance;

   private RequestQueue requestQueue;

   public static synchronized VolleyApiClient getInstance(Context ctx) {
      if (instance == null) {
         instance = new VolleyApiClient(ctx);
      }

      return instance;
   }

   private VolleyApiClient(Context context) {
      requestQueue =
            Volley.newRequestQueue(context.getApplicationContext());
   }

   public <T> Request<T> add(Request<T> request) {
      return requestQueue.add(request);
   }

   public void cancelAll(Object tag) {
      requestQueue.cancelAll(tag);
   }
}
```

在 VolleyApiClient 的构造函数中，调用了 Volley.newRequestQueue() 方法，传入一个 application 的 context 作为参数。不用 Activity 作为 context 的原因是为防止 context 泄漏。

除了创建 RequestQueue 之外，还加了两个代理方法，代理 RequestQueue 的 add() 和 cancelAll()。

add() 方法用来添加一个 request 对象到队列。Volley 会处理请求的发送和响应的接受。

VolleyApiclient. cancelAll() 方法用来取消某个 tag 对应的所有请求。对于一个 Activity 发出的请求，我们给定一个同样的 tag ，然后在 onStop() 时通过 cancelAll() 取消这些请求。请求取消之后，网络请求实际并没取消，不过相应的相应数据就不会再回调。

RequestQueue 配置好之后便可以开始接受并处理 Request 了。Request 对象处理请求优先级、重试次数、序列化和反序列化。

Volley 的 Request 有多个子类，用来处理不同的数据类型，其中有 JsonObjectRequest 和 JsonArrayRequest。这两个类都用 Android 自带的 JSON 库进行数据解析，使用起来特别笨重，尤其是当要将映射成 Jave 对象时，更显烦琐。

前面提到，Volley 的请求用 Jackson 的 JSON 解析器来进行数据解析。和 GSON 一样，Jackson 也可将 JSON 数据映射成 Java 对象。代码清单 9.13 中演示的是一个继承于 Request 的 JacksonRequest 如何使用 Jackson 进行数据解析。

代码清单 9.13　使用 JacksonRequest 解析 JSON

```
public class JacksonRequest<T> extends Request<T> {
   private static final ObjectMapper objectMapper = new ObjectMapper()
          .setPropertyNamingStrategy(PropertyNamingStrategy.SNAKE_CASE)
          .setSerializationInclusion(JsonInclude.Include.NON_NULL);

   private final Response.Listener<T> listener;
   private final Class<T> clazz;

   public JacksonRequest(int method,
                    String url,
                    Class<T> clazz,
                    Response.Listener<T> listener,
                    Response.ErrorListener errorListener) {
      super(method, url, errorListener);

      this.listener = listener;
      this.clazz = clazz;
   }

   @Override
   protected Response<T> parseNetworkResponse(NetworkResponse response) {
```

```
        T responsePayload;

        try {
            responsePayload = objectMapper.readValue(response.data,
                    clazz);

            return Response.success(responsePayload,
                    HttpHeaderParser.parseCacheHeaders(response));
        } catch (IOException e) {
            return Response.error(new ParseError(e));
        }
    }

    @Override
    protected void deliverResponse(T response) {
        listener.onResponse(response);
    }
}
```

在代码清单 9.13 中，首先要注意的是 static final ObjectMapper 这个静态常量。ObjectMapper 是 Jackson 库中用于绑定 JSON 数据和对象的 API。之所以使用静态常量是为了保证所有的 JacksonRequest 使用同一个 ObjectMapper，因为 ObjectMapper 的创建非常昂贵，它创建出来的序列化和反序列化器也需要缓存起来使用，而不是多次创建。

使用 ObjectMapper 需要将 Jackson 的数据绑定库加入到 build.gradle 中，如下所示。

代码清单 9.14 将数据绑定库加入到 build.gradle 中

```
final RETROFIT_VERSION = '2.0.0'
compile "com.squareup.retrofit2:retrofit:${RETROFIT_VERSION}"
compile "com.squareup.retrofit2:converter-gson:${RETROFIT_VERSION}"
compile "com.squareup.okhttp3:logging-interceptor:3.2.0"
compile "com.fasterxml.jackson.core:jackson-databind:2.7.0"
```

JacksonRequest 只有一个构造函数，当创建一个新的 JacksonRequest 对象时，需要传入以下参数。

- int method: 发起 HTTP 请求所用的方法，int 常量的定义在 Volley 的 Method 这个类中。

- String url：所要请求的 HTTP 服务的 URL，和 Retrofit 不同，这个 URL 包含完整的协议、主机名和路径。
- Class<T> clazz：JSON 数据反序列化后对应的 Java 对象的类。
- Response.Listener<T> listener：处理请求响应的监听器。因 Volley 仅支持异步请求，所以总需要一个回调监听器来处理结果。
- Response.ErrorListener<T> errorListener：请求出错时的监听器。

在 JacksonRequest 的构造函数中，部分参数传给了父类的构造函数，listener 和 clazz 被保存在成员变量中，以便在 parseNetworkResponse() 和 deliverResponse() 中使用。

在 parseNetworkResponse() 方法中，用 Jackson 的 ObjectMapper 和 clazz 将 Volley 返回的字节数据转化成 Java 对象。如果一切顺利的话，返回一个成功响应，同时带上反序列化所得的对象。如有异常抛出，则返回一个错误响应，同时带上相关的异常。

使用 JacksonRequest，可进行 Web 服务的异步访问。代码清单 9.15 中的代码片段，展示了如何使用 VolleyApiClient 从一个 Web API 加载设备列表和生产厂商列表。

代码清单 9.15 使用 VolleyApiClient 加载设备列表

```
public class DeviceListActivity extends AppCompatActivity {
    private static final String TAG =
            DeviceListActivity.class.getSimpleName();

    private static final String VOLLEY_TAG =
            DeviceListActivity.class.getCanonicalName();

    private void loadDataUsingVolley() {
        GetManufacturersAndDevicesRequest request =
                new GetManufacturersAndDevicesRequest(VOLLEY_TAG,
                        new Response.Listener<GetManufacturersAndDevicesRequest
                                .Response>() {
                            @Override
                            public void onResponse(GetManufacturersAndDevicesRequest
                                                    .Response response) {
                                List<Manufacturer> manufacturersList =
                                        response.getManufacturers();
```

```
                        updateDisplay(manufacturersList);
                    }
                }, new Response.ErrorListener() {
            @Override
            public void onErrorResponse(VolleyError error) {
                Log.e(TAG, "Received web API error", error);
            }
        });

        VolleyApiClient
                .getInstance(DeviceListActivity.this)
                .add(request);
    }

    @Override
    protected void onStop() {
        super.onStop();
        VolleyApiClient.getInstance(this).cancelAll(VOLLEY_TAG);
    }
}
```

DeviceListActivity 定义了常量 VOLLEY_TAG，用来标记加入到请求队列中的请求。在构造请求时，传入了两个实现了 Response.Listener 和 Response.ErrorListener 的匿名类，用来处理请求成功和请求失败的情况。

在前者的 onResponse() 方法的参数中，包含有从 JSON 数据反序列化好的对象，这个对象是应用定义好的数据结构，在业务代码中处理起来特别方便。

下面我们看看 GetManufacturersAndDevicesRequest 这个类的定义，如代码清单 9.16 所示。

代码清单 9.16 GetManufacturersAndDevicesRequest

```
public class GetManufacturersAndDevicesRequest
        extends JacksonRequest<GetManufacturersAndDevicesRequest.Response> {
    public GetManufacturersAndDevicesRequest(Object tag,
                                             Listener<Response> listener,
                                             ErrorListener errorListener) {
        super(Method.GET,
              " mocky.io/v2/570bbaf6110000b003d17e3a",
               Response.class,
               listener,
```

```
            errorListener);

        this.setTag(tag);
    }

    public static class Response {
        private List<Manufacturer> manufacturers;

        public List<Manufacturer> getManufacturers() {
            return manufacturers;
        }

        public void setManufacturers(List<Manufacturer> manufacturers) {
            this.manufacturers = manufacturers;
        }
    }
}
```

GetManufacturersAndDevicesRequest 中包含一个内部类 Response 对应于 request。虽然这不是 Volley 强制要求的，但定义这样一个数据类型，将请求和响应对应起来，会更加自然一些。

在构造函数中，传入了 Method.GET 和请求的 URL，说明了将会用 GET 方法来发起请求。

Retrofit 和 Volley 可使得和 Web API 交互更加容易，但在很多时候，为了追求更好的用户体验，一个应用还需要更多的功能。

数据持久化

在 Activity 和 Fragment 中发起网络请求确实很方便，但这样做会带来不好的用户体验。一般来说，单个 Activity 呈现的数据类型是较为单一的，相关的网络请求也是整个应用所有请求的一部分。每个界面单独发起和本界面相关的网络请求，会使得应用不流畅，增加电量消耗。

数据传输和电量消耗

网络请求越多，消耗电量越大。为了接收和发送数据，手机的射频模块需要工作在高功耗状态，从空闲状态到高功耗状态要 2 秒，数据发送完成后，如果没有后续的数据需求，则传输

5 秒后，进入低功耗状态。在低功耗状态如有数据要发送，则快速（ 1.5 秒）进入高功耗状态，否则 7 秒后进入到空闲状态。一个网络请求会使得射频模块大概消耗 20 秒的电量。

数据传输和用户体验

与此同时，频繁的网络请求也会带来不好的用户体验。HTTP 请求需要时间，当进入到一个界面，正在获取数据时要让用户知道应用是在等待数据，而不是出问题了。一般我们会加一个进度条之类的 UI 控件，但每个界面每次打开都有一个进度条，等待加载数据，体验也是非常不好的。

比较好的做法是，批量发送网络请求，一次性获取数据给多个界面使用，减少单次网络请求的数据，以便射频模块更多时间处于空闲状态。在理想情况下，当用户进入到一个界面时，数据就已经准备好了，直接就能展示，用户不再需要等待数据加载。

本地持久化

这些问题的一个解决方案就是使用一个本地的数据库来存储 Web API 返回的数据。本地的 UI 展示读取本地的数据而不是直接从远程服务器读取数据。这样做，为检索数据提供了灵活性；同时也在 API 返回的数据和 UI 展示所需的数据之间提供了一层抽象。不管 API 返回的数据结构怎样变化，适配到本地后，只要本地数据库结构不变，UI 界面的数据结构就不会变化。

SyncAdapter

同时实现从远程服务器读取数据和将数据持久化到本地的一个方法是使用 `SyncAdapter`。`SyncAdapter` 可使代码在不同的时间，不同的条件下在后台执行。举个例子，为了尽量减少用户等待从服务器读取数据的时间，甚至在应用启动之前就将数据同步好。在完成数据同步后，`SyncAdapter` 框架可让应用在某个时间点或者在数据有变化时再次同步数据。另外，应用也可在比如用户下拉刷新这样的时机，主动同步数据。这使得所有和数据同步的代码集中在一个地方，但可在不同时机被触发。

除了可让数据同步代码在不同地方、不同时机触发，`SyncAdapter` 还考虑了网络的连接性。在系统层面，`SyncAdapter` 会尝试将所有应用的数据同步任务集中批量运行，这可使得射频模块尽快回到空闲状态，以节约电量。

要开始使用 SyncAdapter，应用需要集成 ContentProvider、SyncAdapter 和 AccountManager 3 个组件。在之前的例子中，我们已经有了 ContentProvider，现在只需要实现 SyncAdapter 和 AccountAuthenticator 就可以。

AccountAuthenticator

AccountAuthenticator 可用来管理应用的帐号凭证。大多数 Web 服务要求身份认证，AccountAuthenticator 用来获取和存储用户的凭证。

但在我们这个“设备数据库”示例应用中，API 不需要认证就可访问，但即使不用认证，框架也需要一个 AccountAuthenticator。为了满足这个要求，我们可实现一个 AccountAuthenticator 的存根，继承于 AbstractAccountAuthenticator，各个抽象方法做存根实现即可，如代码清单 9.17 所示。

代码清单 9.17　AccountAuthenticator 的存根实现

```
public class Authenticator extends AbstractAccountAuthenticator {
    public Authenticator(Context context) {
        super(context);
    }

    @Override
    public Bundle editProperties(AccountAuthenticatorResponse response,
                                 String accountType) {
        throw new UnsupportedOperationException("Not yet implemented");
    }

    @Override
    public Bundle addAccount(AccountAuthenticatorResponse response,
                             String accountType,
                             String authTokenType,
                             String[] requiredFeatures,
                             Bundle options) throws NetworkErrorException {
        throw new UnsupportedOperationException("Not yet implemented");
    }

    @Override
    public Bundle confirmCredentials(AccountAuthenticatorResponse response,
```

```
                                    Account account,
                                    Bundle options)
            throws NetworkErrorException {
        throw new UnsupportedOperationException("Not yet implemented");
    }

    @Override
    public Bundle getAuthToken(AccountAuthenticatorResponse response,
                               Account account,
                               String authTokenType,
                               Bundle options)
            throws NetworkErrorException {
        throw new UnsupportedOperationException("Not yet implemented");
    }

    @Override
    public String getAuthTokenLabel(String authTokenType) {
        throw new UnsupportedOperationException("Not yet implemented");
    }

    @Override
    public Bundle updateCredentials(AccountAuthenticatorResponse response,
                                    Account account,
                                    String authTokenType,
                                    Bundle options)
            throws NetworkErrorException {
        throw new UnsupportedOperationException("Not yet implemented");
    }

    @Override
    public Bundle hasFeatures(AccountAuthenticatorResponse response,
                              Account account,
                              String[] features)
            throws NetworkErrorException {
        throw new UnsupportedOperationException("Not yet implemented");
    }
}
```

因为 SyncAdapter 通过服务来访问 AccountAuthenticator，所以我们实现一个 AuthenticatorService，在应用中实现对 AccountAuthenticator 的绑定访问，如代码清单 9.18 所示。

代码清单 9.18　`AuthenticatorService` 的实现

```
public class AuthenticatorService extends Service {
    private Authenticator authenticator;

    public AuthenticatorService() {
    }

    @Override
    public void onCreate() {
        super.onCreate();
        authenticator = new Authenticator(this);
    }

    @Override
    public IBinder onBind(Intent intent) {
        return authenticator.getIBinder();
    }
}
```

`AccountService` 初始化了一个 `Authenticator`，并在这个服务的 `onBind()` 方法中将其返回。

和其他的服务一样，`AccountService` 也需要在应用的 manifest 文件中声明，如代码清单 9.19 所示。

代码清单 9.19　`AccountService` 的声明

```
<service
    android:name=".sync.AuthenticatorService">
    <intent-filter>
        <action android:name="android.accounts.AccountAuthenticator"/>
    </intent-filter>
    <meta-data
        android:name="android.accounts.AccountAuthenticator"
        android:resource="@xml/authenticator" />
</service>
```

代码清单 9.19 声明了在启动 `AuthenticatorService` 时，需要发送的 action 为 `android.accounts.AccountAuthenticator`。`<service>` 元素还有一个 `<meta-data>` 指向 `res/xml/authenticator.xml` 这个文件。这个文件是用来声明

AccountAuthenticator 相关属性的，如代码清单 9.20 所示。

代码清单 9.20 res/xml/authenticator.xml

```
<account-authenticator
    xmlns:android=" schemas.android.com/apk/res/android"
    android:accountType="stubAuthenticator" />
```

因为这个应用并不需要真正的认证，所以只要声明 AccountAuthenticator 的 accountType 属性即可。一般会用应用开发者控制的域名为 accountType 的值。

定义好 AccountAuthenticator 后，我们来看看 SyncAdapter 的实现。

SyncAdapter

实现一个 SyncAdapter 需要继承 AbstractThreadedSyncAdapter，还需要将 SyncAdapter 绑定到可调用的服务并加入相关的 metadata 文件。

下面我们先看看代码清单 9.21 中 SyncAdapter 的实现。

代码清单 9.21 SyncAdapter 的实现

```
public class SyncAdapter extends AbstractThreadedSyncAdapter {
    private static final String TAG = SyncAdapter.class.getSimpleName();

    public SyncAdapter(Context context, boolean autoInitialize) {
        super(context, autoInitialize);
    }

    public SyncAdapter(Context context,
                       boolean autoInitialize,
                       boolean allowParallelSyncs) {
        super(context, autoInitialize, allowParallelSyncs);
    }

    @Override
    public void onPerformSync(Account account,
                              Bundle extras,
                              String authority,
                              ContentProviderClient provider,
                              SyncResult syncResult) {
        Call<ManufacturersAndDevicesResponse> call = WebServiceClient
```

```
            .getInstance()
            .getService()
            .getManufacturersAndDevices();

    try {
        // Perform synchronous web service call
        Response<ManufacturersAndDevicesResponse> wrappedResponse =
                call.execute();

        ArrayList<ContentProviderOperation> operations =
                generateDatabaseOperations(wrappedResponse.body());

        provider.applyBatch(operations);

    } catch (IOException
            | OperationApplicationException
            | RemoteException e) {
        Log.e(TAG, "Could not perform sync", e);
    }
}

private ArrayList<ContentProviderOperation> generateDatabaseOperations(Manufacture
rsAndDevicesResponse response) {
    final ArrayList<ContentProviderOperation> operations =
            new ArrayList<>();

    operations.add(ContentProviderOperation
            .newDelete(DevicesContract.Device.CONTENT_URI).build());

    operations.add(ContentProviderOperation
            .newDelete(DevicesContract.Manufacturer.CONTENT_URI)
            .build());

    for (Manufacturer manufacturer : response.getManufacturers()) {
        final ContentProviderOperation manufacturerOperation =
                ContentProviderOperation
                        .newInsert(DevicesContract.Manufacturer
                                .CONTENT_URI)

                        .withValue(DevicesContract.Manufacturer
                                .SHORT_NAME,
                                  manufacturer.getShortName())
```

```
                    .withValue(DevicesContract.Manufacturer
                            .LONG_NAME,
                              manufacturer.getLongName())
                    .build();

        operations.add(manufacturerOperation);

        int manufacturerInsertOperationIndex =
                operations.size() - 1;

        for (Device device : manufacturer.getDevices()) {
            final ContentProviderOperation deviceOperation =
                    ContentProviderOperation
                            .newInsert(DevicesContract.Device
                                    .CONTENT_URI)
                            .withValueBackReference(DevicesContract
                                    .Device.MANUFACTURER_ID,
                                    manufacturerInsertOperationIndex)
                            .withValue(DevicesContract.Device.MODEL,
                                      device.getModel())
                            .withValue(DevicesContract
                                    .Device
                                    .DISPLAY_SIZE_INCHES,
                                    device.getDisplaySizeInches())
                            .withValue(DevicesContract
                                    .Device
                                    .MEMORY_MB,
                                    device.getMemoryMb())
                            .withValue(DevicesContract
                                    .Device
                                    .NICKNAME, device.getNickname())
                            .build();

            operations.add(deviceOperation);
        }
    }

    return operations;
  }
}
```

onPerformSync() 是 AbstractAccountAuthenticator 中的抽象方法，是同步操作的主入口。在 SyncAdapter 中，使用 Retrofit 同步调用 Web 服务获取数据，然后存入数据库。

关于 onPerformSync() 很重要的一点是：框架将会在后台线程中调用这个方法，所以在实现这个方法时，可直接在其中完成耗时的操作，不用另外新开后台线程。在这个例子中从 API 获取数据并保存数据都是耗时的操作。

数据获取完成后，调用 generateDatabaseOperations() 返回用于更新数据库的一个 ContentProviderOperation 列表，然后交由 ContentProviderClient 执行。ContentProviderClient 是 content provider 的一个接口抽象。

实现完 SyncAdapter 后，需要将其绑定对可访问的服务，如代码清单 9.22 所示。

代码清单 9.22 使用 SyncService 包装 SyncAdapter

```
public class SyncService extends Service {
    private static SyncAdapter syncAdapter = null;

    @Override
    public void onCreate() {
        super.onCreate();

        synchronized (SyncService.class) {
            syncAdapter = new SyncAdapter(getApplicationContext(), true);
        }
    }

    @Nullable
    @Override
    public IBinder onBind(Intent intent) {
        return syncAdapter.getSyncAdapterBinder();
    }
}
```

和 AccountService 相似，SyncService 在 onCreate() 方法中创建一个 SyncAdapter 的实例并在 onBind() 方法中将其返回。定义 SyncService 的 manifest 文件如代码清单 9.23 所示。

代码清单 9.23　SyncService 的声明

```
<service
   android:name=".sync.SyncService"
   android:exported="true"
   android:process=":sync">
   <intent-filter>
      <action android:name="android.content.SyncAdapter"/>
   </intent-filter>
   <meta-data android:name="android.content.SyncAdapter"
      android:resource="@xml/syncadapter" />
</service>
```

在 SyncService 的 manifest 中声明了启动服务需要发送的 action 为 android.content.SyncAdapter，SyncAdapter 相关属性的 metadata 文件的位置为 res/xml/syncadapter.xml，内容如代码清单 9.24 所示。

代码清单 9.24　res/xml/syncadapter.xml 的内容

```
<?xml version="1.0" encoding="utf-8"?>
<sync-adapter xmlns:android="schemas.android.com/apk/res/android"
   android:contentAuthority="me.adamstroud.devicedatabase.provider"
   android:accountType="stubAuthenticator"
   android:userVisible="false"
   android:supportsUploading="false"
   android:allowParallelSyncs="false"
   android:isAlwaysSyncable="true"/>
```

这个 metadata 文件定义了 SyncAdapter 的一些属性，accountType 这个属性的值需要和 AccountAuthenticator 的 metadata 文件中定义的值一样。

声明了 SyncService 后，就可调用使用 SyncAdapter 进行数据更新了。之前提到，SyncAdapter 可在多个情况下触发，在这个示例应用中，需要主动触发更新。

DeviceListActivity 中有一个菜单选项用来触发 SyncAdapter，如代码清单 9.25 所示。

代码清单 9.25　手动触发 SyncAdapter

```
Bundle bundle = new Bundle();
bundle.putBoolean(ContentResolver.SYNC_EXTRAS_MANUAL, true);
bundle.putBoolean(ContentResolver.SYNC_EXTRAS_EXPEDITED, true);
```

```
ContentResolver.requestSync(new Account("SyncAccount", "stubAuthenticator"),
        "me.adamstroud.devicedatabase.provider",
        bundle);
```

通过调用 ContentResolver.requestSync() 可触发数据同步。因为不进行实际的认证，bundle 中账户凭证相关的参数并不重要，重要的是两个标记。ContentResovler.SYNC_EXTRAS_MANUAL 和 ContenProvider.SYNC_EXTRAS_EXPEDITED 这两个标记使数据立刻进行同步，以响应用户的操作。

在上面的例子中，使用 SyncAdapter 实现了从 API 获取数据并更新本地数据库。这个实现是可行的，但存在一些样板代码，并且不是总能满足应用的需求。在下面的章节中，我们将讨论另外一种实现的方法。

手动同步远程数据

当 SyncAdapter 无法满足应用的使用场景需要的时候，应用可自己实现从网络下载数据并持久化到数据库的功能性代码，实现时要注意处理 HTTP 是异步的这个特性，同时处理好线程的交互。我们可用 Retrofit 的 RxJava 支持库完成这些功能代码。这些示例代码在项目的 SyncManager 类中。

RxJava 简介

RxJava 背后的思想是响应式编程，是 ReactiveX 在 JVM 上的实现。基于可观察对象（observable，后文将使用这个单词，不做生硬翻译）实现对异步事件流的支持，可对 observable 进行链式操作。

对于 Retrofit 来说，Web 服务的每个响应可看成一个事件。采用 RxJava 的操作符可将 Web 响应转化成一系列的数据库操作。这些操作可在一个事务中提交，保证在数据同步的过程中，不破坏数据库的完整性。RxJava 可使操作在不同的线程中执行，这个特性对于在后台线程进行数据更新，完成后切换到主线程这样的应用场景非常有用。

Retrofit + RxJava

Retrofit 对 RxJava 有很好的支持，在 build.gradle 文件中加入相关的依赖就好。因为 RxJava 不在 Android 的 SDK 中，所以也需要一起加入。如代码清单 9.26 所示。

代码清单 9.26 将 RxJava 加入到 build.gradle 中

```
// 省略了其他依赖
final RETROFIT_VERSION = '2.0.0'
compile "com.squareup.retrofit2:retrofit:${RETROFIT_VERSION}"
compile "com.squareup.retrofit2:converter-gson:${RETROFIT_VERSION}"
compile "com.squareup.okhttp3:logging-interceptor:3.2.0"
compile 'com.fasterxml.jackson.core:jackson-databind:2.7.0'
compile "com.squareup.retrofit2:adapter-rxjava:${RETROFIT_VERSION}"

// 建议使用时下最新的版本
compile 'io.reactivex:rxandroid:1.1.0'
compile 'io.reactivex:rxjava:1.1.3'
```

注意，在代码清单 9.26 中，还加入了 RxJava Retrofit 的 adapter 类库。为了在项目中使用 RxJava，需要使用 RxJava 的 adapter 对 Retrofit 的客户端进行改造。这个 adapter 可使 Retrofit 将请求响应及前面提到的 `Call` 接口的实现以 RxJava 的 observable 形式返回。在 Retrofit 中加入这个 adapter，使用 `Retrofit.Builder()` 即可，如代码清单 9.27 所示。

代码清单 9.27 将 RxJava Adapter 加入到 Retrofit 中

```
public class WebServiceClient {
   private static final String TAG =
          WebServiceClient.class.getSimpleName();

   private static WebServiceClient instance = new WebServiceClient();

   private final DeviceService service;

   public static WebServiceClient getInstance() {
      return instance;
   }

   private WebServiceClient() {
      final Gson gson = new GsonBuilder()
             .setFieldNamingPolicy(FieldNamingPolicy
                    .LOWER_CASE_WITH_UNDERSCORES)
             .create();

      Retrofit.Builder retrofitBuilder = new Retrofit.Builder()
             .baseUrl("mocky.io")
             .addCallAdapterFactory(RxJavaCallAdapterFactory.create())
```

```
            .addConverterFactory(GsonConverterFactory.create(gson));

        if (BuildConfig.DEBUG) {
            final HttpLoggingInterceptor loggingInterceptor =
                    new HttpLoggingInterceptor(new HttpLoggingInterceptor
                            .Logger() {
                @Override
                public void log(String message) {
                    Log.d(TAG, message);
                }
            });

            retrofitBuilder.callFactory(new OkHttpClient
                    .Builder()
                    .addNetworkInterceptor(loggingInterceptor)
                    .build());

            loggingInterceptor.setLevel(HttpLoggingInterceptor.Level.BODY);
        }

        service = retrofitBuilder.build().create(DeviceService.class);
    }

    public DeviceService getService() {
        return service;
    }
}
```

还需要做的一步是改造代码清单 9.6 提到的 DeviceService 接口。DeviceService 定义了每个 Web 服务可调用的方法。之前只有一个 Web 服务调用，所以只有一个名为 DeviceService.getManufacturersAndDevices() 的方法，这个方法返回了一个 Call 接口，可用于实现同步或异步请求的对象。

现在我们加入一个新的接口方法，实现对 RxJava 的支持，如代码清单 9.28 所示。

代码清单 9.28　改造后的 DeviceService

```
public interface DeviceService {
    @GET("v2/570bbaf6110000b003d17e3a")
    Call<ManufacturersAndDevicesResponse> getManufacturersAndDevices();
```

```
    @GET("v2/570bbaf6110000b003d17e3a")
    Observable<ManufacturersAndDevicesResponse>
rxGetManufacturersAndDevices();
}
```

从代码清单 9.28 中可以看到，新加入了一个 rxGetManufacturersAndDevices() 方法，和之前方法不一样的地方是，新加方法的返回值类型是 Observable 而不是 Call。

使用 RxJava 进行数据同步

实现 Retrofit 的 RxJava 支持后，SyncManager 的实现看起来就很简单了：只有一个名为 syncManufactureresAndDevices() 方法的单例。syncManufactureresAndDevices() 方法的实现如代码清单 9.29 所示。

代码清单 9.29 SyncManager.getManufacturersAndDevices() 的实现

```
public void syncManufacturersAndDevices() {
    WebServiceClient
            .getInstance()
            .getService()
            .rxGetManufacturersAndDevices()
            .flatMap(this)
            .toList()
            .subscribeOn(Schedulers.io())
            .subscribe(this);
}
```

在代码清单 9.29 中，SyncManager.syncManufacturersAndDevices() 看起来很短，但实际完成了很多工作。获取了 DeviceService 的引用后，调用了 rxGetManufacturersAndDevices() 方法，得到一个 observable 对象。然后代码就从 Retrofit 的网络请求的世界到了 RxJava 的世界，分别进行了 flatMap()、toList()、subscribeOn() 和 subscribe() 这几个调用。

flatMap 操作符将一个 observable 转成多个 observable ，然后将多个 observable 的集合包装成一个 observable 返回。使用这个方法，将服务器返回的数据变换成一个可应用于 ContentResolver 的 ContentProviderOperation 列表。

为了实现这个变换，flatMap 方法接受一个实现 Func1 接口的参数。Func1 这个接口只有 Func1.call()一个方法。SyncManager 实现了 Func1 接口，可作为参数直接传给

flatMap()。SyncManager.call() 的实现如代码清单 9.30 所示。

代码清单 9.30　SyncManager.call() 的实现

```
@Override
public Observable<ContentProviderResult>
call(ManufacturersAndDevicesResponse response) {
    final ContentResolver contentResolver =
            context.getContentResolver();

    final ArrayList<ContentProviderOperation> operations =
            new ArrayList<>();

    final ContentProviderResult[] results;

    operations.add(ContentProviderOperation
            .newDelete(DevicesContract.Device.CONTENT_URI)
            .build());

    operations.add(ContentProviderOperation
            .newDelete(DevicesContract.Manufacturer.CONTENT_URI)
            .build());

    for (Manufacturer manufacturer : response.getManufacturers()) {
        final ContentProviderOperation manufacturerOperation =
                ContentProviderOperation
                        .newInsert(DevicesContract.Manufacturer.CONTENT_URI)
                        .withValue(DevicesContract.Manufacturer.SHORT_NAME,
                                manufacturer.getShortName())
                        .withValue(DevicesContract.Manufacturer.LONG_NAME,
                                manufacturer.getLongName())
                        .build();

        operations.add(manufacturerOperation);

        int manufacturerInsertOperationIndex = operations.size() - 1;

        for (Device device : manufacturer.getDevices()) {
            final ContentProviderOperation deviceOperation =
                    ContentProviderOperation
                            .newInsert(DevicesContract.Device.CONTENT_URI)
                            .withValueBackReference(DevicesContract
```

```
                                      .Device.MANUFACTURER_ID,
                              manufacturerInsertOperationIndex)
                        .withValue(DevicesContract.Device.MODEL,
                              device.getModel())
                        .withValue(DevicesContract.Device
                                      .DISPLAY_SIZE_INCHES,
                              device.getDisplaySizeInches())
                        .withValue(DevicesContract.Device.MEMORY_MB,
                              device.getMemoryMb())
                        .withValue(DevicesContract.Device.NICKNAME,
                              device.getNickname())
                        .build();

            operations.add(deviceOperation);
        }
    }

    try {
        results =
                contentResolver.applyBatch(DevicesContract.AUTHORITY,
                        operations);
    } catch (RemoteException | OperationApplicationException e) {
        throw new RuntimeException(e);
    }

    return Observable.from(results);
}
```

call() 的实现和代码清单 9.21 讨论的相似：遍历了 manufacturer 列表，挨个生成 ContentProviderOperation，然后加入到 operation 中，对每个 manufacturer 对应的 device 列表的处理也相似，然后调用 ContentResolver.applyBatch() 生成 result。

和之前的实现不同的是，call() 方法没将 results 直接返回，而是包装成另一个 observable，以使得链式调用继续。

下一个调用的操作符是 toList()，这个方法将 flatMap() 返回的 observable 拆成 ContentProviderOperations 列表。

最后一个调用的操作符是 subscribeOn()，这个方法指定这些工作将在哪个线程中进行。在 SyncManager 中，从服务器获取数据和写入数据库都需要在后台线程进行。

RxJava 的 Schedulers 预定义了一些线程，用来执行不同的操作。网络操作和数据库 I/O 操作可使用 I/O 调度器。将 `Schedulers.io()` 返回的调度器设置给 `subscribeOn()` 即可。

这一系列的操作符应用完后，observable 对象就可被订阅了。在调用 `subscribe()` 之前并不会执行任何操作，`subscribe()` 方法需要传入一个 `Subscriber` 的实例。`SyncManager` 继承了 `Subscriber`，所以将自身的实例传入即可。

`Subscriber` 定义了 `onCompleted()`、`onError()`、`onNext()`三个抽象方法。`onCompleted()` 在没有更多的 observable 产生时触发；`onError()` 会在处理 observable 时发生错误时触发；`onNext()` 在每一个 observable 生成时触发。

对于 `SyncManager` 而言，只有 `ContentProviderResult` 列表这一个 observable，在 `onNext()` 方法中仅仅是进行了简单的日志统计。在实际应用中，会有更多的功能性代码。

`SyncManager` 在数据入库后，整个数据同步的过程就完成了。`ContentProvider` 返回的每个 cursor 在数据发生变化时会得到通知，这在第 6 章有过讨论。代码清单 9.31 是 `SyncManager` 的完整实现。

代码清单 9.31　`SyncManager` 的完整实现

```
public class SyncManager extends Subscriber<List<ContentProviderResult>>
        implements Func1<ManufacturersAndDevicesResponse,
        Observable<ContentProviderResult>> {
    private static final String TAG = SyncAdapter.class.getSimpleName();

    private static SyncManager instance;

    private final Context context;

    private SyncManager(Context context) {
        this.context = context.getApplicationContext();
    }

    public static synchronized SyncManager getInstance(Context context) {
        if (instance == null) {
            instance = new SyncManager(context);
        }

        return instance;
```

```
}

public void syncManufacturersAndDevices() {
    WebServiceClient
            .getInstance()
            .getService()
            .rxGetManufacturersAndDevices()
            .flatMap(this)
            .toList()
            .subscribeOn(Schedulers.io())
            .subscribe(this);
}

@Override
public void onCompleted() {
    // no-op
}

@Override
public void onError(Throwable e) {
    Log.e(TAG, "Received web API error", e);
}

@Override
public void onNext(List<ContentProviderResult> contentProviderResults) {
    Log.d(TAG, "Got response -> " + contentProviderResults.size());
}

@Override
public Observable<ContentProviderResult>
call(ManufacturersAndDevicesResponse response) {
    final ContentResolver contentResolver =
            context.getContentResolver();

    final ArrayList<ContentProviderOperation> operations =
            new ArrayList<>();

    final ContentProviderResult[] results;

    operations.add(ContentProviderOperation
            .newDelete(DevicesContract.Device.CONTENT_URI)
            .build());
```

```
operations.add(ContentProviderOperation
        .newDelete(DevicesContract.Manufacturer.CONTENT_URI)
        .build());

for (Manufacturer manufacturer : response.getManufacturers()) {
    final ContentProviderOperation manufacturerOperation =
            ContentProviderOperation
                    .newInsert(DevicesContract.Manufacturer.CONTENT_URI)
                    .withValue(DevicesContract.Manufacturer.SHORT_NAME,
                            manufacturer.getShortName())
                    .withValue(DevicesContract.Manufacturer.LONG_NAME,
                            manufacturer.getLongName())
                    .build();

    operations.add(manufacturerOperation);

    int manufacturerInsertOperationIndex = operations.size() - 1;

    for (Device device : manufacturer.getDevices()) {
        final ContentProviderOperation deviceOperation =
                ContentProviderOperation
                        .newInsert(DevicesContract.Device.CONTENT_URI)
                        .withValueBackReference(DevicesContract
                                        .Device.MANUFACTURER_ID,
                                manufacturerInsertOperationIndex)
                        .withValue(DevicesContract.Device.MODEL,
                                device.getModel())
                        .withValue(DevicesContract.Device
                                        .DISPLAY_SIZE_INCHES,
                                device.getDisplaySizeInches())
                        .withValue(DevicesContract.Device.MEMORY_MB,
                                device.getMemoryMb())
                        .withValue(DevicesContract.Device.NICKNAME,
                                device.getNickname())
                        .build();

        operations.add(deviceOperation);
    }
}

try {
```

```
            results =
                    contentResolver.applyBatch(DevicesContract.AUTHORITY,
                            operations);
        } catch (RemoteException | OperationApplicationException e) {
            throw new RuntimeException(e);
        }

        return Observable.from(results);
    }
}
```

总结

有很多种方法可实现对 Web 服务 / Web API 的访问。通过对 Web 服务的访问，为用户提供了更加丰富的功能，但同时也为应用的开发增加了复杂性，我们需要考虑如电量消耗，UI 响应方面的问题。

在 Android 的 SDK 中，已经提供了高效实现 Web 服务访问的工具和 API，但也许不是最高效的。像 Retrofit 和 Volley 这样的类库使得处理网络访问时的线程问题变得非常简单；像 GSON 和 Jackson 这样的类库使得将 JSON 数据转换成 Java 对象变得很轻松。

当应用实现了一个方法，可完成 Web 服务的访问后，有什么时机触发这个方法就是一个需要考虑的事情了。在一些情况下，仅在用户有操作的时候进行网络访问是可行的，在另外一些场景下，需要自动触发网络访问进行数据更新。Android 的 SyncAdapter 框架将数据更新代码集中在一个地方，使得更新操作可在不同时间、不同条件下触发。

如果数据再展示到 UI 界面前，就需要有一个地方存储，本地数据库是一个不错的选择。使用 RxJava 可使得对 Web 服务的访问、数据的变换操作、本地数据的写入更加便利。

第 10 章 Data Binding

Data Binding 是在 2015 年的 Google I/O 上发布的，使用 Data Binding 可将 App 的数据和 view 进行绑定。Data Binding 在编译阶段分析 view 的布局，自动生成代码。这些自动生成的代码使得一些和 view 相关的开发工作，比如 `findViewById()`，可以省略。对于项目来说，不仅可以减少一些重复代码，也可以带来一些性能上的提升。本章将介绍 Data Binding 及其使用。

在项目中使用 Data Binding

在使用 Data Binding 之前，需要将它加入到项目中。对于使用 gradle 的 Android 项目来说，只要简单地在 `build.gradle` 中启用就好，如代码清单 10.1 所示。

Data Binding 要求 Android 的 Gradle 插件至少是 1.5.0-alpha1 之后，Android Studio 版本 1.3 之后。

代码清单 10.1　在 build.gradle 中启用 Data Binding

```
android {
    // 其他 gradle 的配置
    dataBinding {
        enabled = true
    }
}
```

Data Binding 加到项目中后，就可用来简化一般的访问 view 和绑定数据到 view 的过程了。

View 的 Data Binding 布局

View 的布局要转成 Data Binding 支持的布局才可使用 Data Binding。在一个布局文件的根节点使用 `<layout>` 元素，一个非 Data Binding 布局就可变成一个 Data Binding 布局。在 `<layout>` 元素中，放入正常的 view 布局，同时还可以放入一个 `<data>` 节点，用来声明在布局文件中用到的变量，如代码清单 10.2 所示。

代码清单 10.2　使用 `<layout>` 元素

```
<layout xmlns:android=" schemas.android.com/apk/res/android"
    xmlns:tools="schemas.android.com/tools">
    <data>
        <variable name="device"
              type="me.adamstroud.devicedatabase.model.Device" />
    </data>
    <android.support.design.widget.CoordinatorLayout
        android:id="@+id/coordinator_layout"
        android:layout_width="match_parent"
        android:layout_height="match_parent"
        android:fitsSystemWindows="true"
        tools:context=".device.DeviceDetailActivity"
        tools:ignore="MergeRootFrame">
        <LinearLayout
            android:layout_width="match_parent"
            android:layout_height="match_parent"
            android:orientation="vertical">
            <include layout="@layout/appbar" />

            <TextView
                android:layout_width="wrap_content"
                android:layout_height="wrap_content"
                android:text="@{@string/model(device.model),
                    default=model}" />

            <TextView
                android:layout_width="wrap_content"
                android:layout_height="wrap_content"
                android:text="@{@string/nickname(device.nickname),
                    default=nickname}" />

            <TextView
```

```
            android:layout_width="wrap_content"
            android:layout_height="wrap_content"
            android:text="@{@string/memory_in_mb(device.memoryInMb),
                    default=memoryInMb}" />

        <TextView
            android:layout_width="wrap_content"
            android:layout_height="wrap_content"
            android:text="@{@string/display_in_inches(device.displaySizeInInches),
                    default=displaySizeInInches}" />
    </LinearLayout>
  </android.support.design.widget.CoordinatorLayout>
</layout>
```

在 <data> 元素中声明的变量可用 Data Binding 语法在这个布局文件的任何地方使用。在代码清单 10.2 中，两个 TextView 分别使用了 Device.getModel() 和 Device.getNickname() 中的数值来显示 model 和 nickname。

```
<TextView
    android:layout_width="wrap_content"
    android:layout_height="wrap_content"
    android:text="@{@string/model(device.model), default=model}" />

<TextView
    android:layout_width="wrap_content"
    android:layout_height="wrap_content"
    android:text="@{@string/nickname(device.nickname), default=nickname}" />
```

将 Activity 和布局绑定

Activity 使用 Data Binding 布局后，可获取 Data Binding 对象的引用。通过这个引用，可以操作布局的 view 或者设置布局中声明的变量。

通过调用 DataBindingUtil.setContentView() 可获取 Data Binding 的引用，代码清单 10.3 展示了在 Activity 中调用 DataBindingUtil.setContentView() 方法，这个方法可用来替换经常将 Activity 和 view 关联起来的 Activity.setContentView()。

代码清单 10.3 将 Activity 和布局绑定

```
public class DeviceDetailActivity extends BaseActivity
```

```
        implements LoaderManager.LoaderCallbacks<Cursor> {

    public static final String EXTRA_DEVICE_URI = "deviceUri";

    private static final int ID_DEVICE = 1;

    private Uri deviceUri;

    private CoordinatorLayout coordinatorLayout;

    private ActivityDeviceDetailBinding binding;

    @Override
    protected void onCreate(Bundle savedInstanceState) {
        super.onCreate(savedInstanceState);

        binding = DataBindingUtil.setContentView(this,
            R.layout.activity_device_detail);

        // 其他的初始化代码
    }
}
```

在代码清单 10.3 中，`DataBindingUtil.setContentView()` 将当前的 Activity 和代码清单 10.2 中的布局作为参数。第一个参数指定需要更新 view 的 Activity，第二个参数指定布局。和被替换掉的，发挥同样功能的 `Activity.setContentView()` 一样，`DataBindingUtil.setContentView()` 使用布局创建 view 并设置给 Activity。与此同时，这个方法还完成布局的数据绑定。

`DataBindingUtil.setContentView()` 的返回值是一个 `ActivityDeviceDetailBinding` 对象。这个对象是 Data Binding 插件在编译时产生的。它包含操作在布局文件中定义的变量和 view 的方法。图 10.1 展示了生成的代码在项目中的位置。

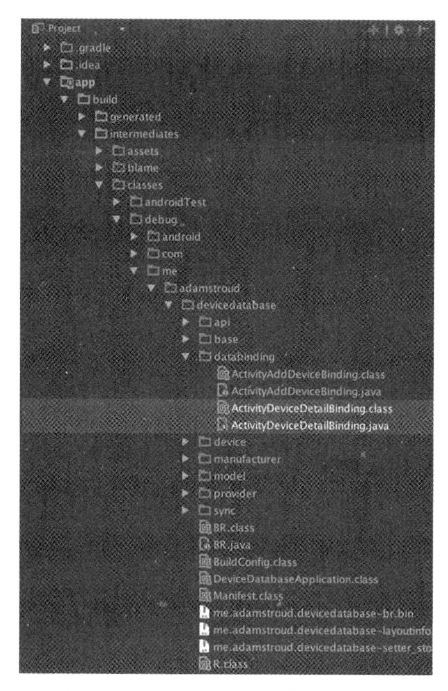

图 10.1 Data Binding 生成的代码

使用 Binding 对象更新 View

得到 Data Binding 对象后，可以调用一些 set 方法来更新声明在布局文件中的变量。因为 device 相关的数据是通过 `CursorLoader` 从数据中读出的，所以只有当 `CursorLoader` 在 `onLoadFinished()` 返回数据之后，才可调用 `DataBindingUtil.setDevice()` 进行数据更新。代码清单 10.4 是 `onLoadFinished()` 的实现。

代码清单 10.4 更新数据绑定的 View

```
@Override
public void onLoadFinished(Loader<Cursor> loader, Cursor data) {
    if (data != null && data.moveToFirst()) {
        ObservableDevice observableDevice = binding.getDevice();

        observableDevice
        .model
        .set(data.getString(data
                .getColumnIndexOrThrow(DevicesContract
                .Device
```

```
                .MODEL)));

        observableDevice
        .nickname
        .set(data.getString(data
                .getColumnIndexOrThrow(DevicesContract
                .Device
                .NICKNAME)));

        observableDevice
        .memoryInMb
        .set(data.getFloat(data
                .getColumnIndexOrThrow(DevicesContract
                .Device
                .MEMORY_MB)));

        observableDevice
        .displaySizeInInches
        .set(data.getFloat(data
                .getColumnIndexOrThrow(DevicesContract
                .Device
                .DISPLAY_SIZE_INCHES)));
    }
}
```

CursorLoader 加载完数据之后，view 相关的显示通过数据绑定对象即可更新。

从代码清单 10.2 到 10.4 的 Data Binding 实现，完成了 cursor 从数据库中加载完设备数据后，在 UI 界面上展示细节的过程。但是，目前的实现有些问题：如果数据库中的数据更新后，UI 界面并不会更新。这个问题并不在于 CursorLoader 的使用，onLoadFinished() 在数据更新后会被再次调用，以显示最新数据。问题出在 DeviceDetailActivity 使用 Data Binding API 的方式上。

在代码清单 10.2 中，Data Binding 布局使用了一个 model 对象。

```
<data>
    <variable
        name="device"
        type="me.adamstroud.devicedatabase.model.Device" />
</data>
```

使用这个 POJO（简单 Java 对象），可以在界面上显示该对象的初始值，但在数据变化时，它不会通知界面更新。要更新显示，这个对象所要更新的成员，是需要 observable 的。

> **注**
>
> Data binding 中所用到的"observable 成员"和前面提到的 RxJava 中的 Observable 这个类，没有联系。

因为 Device 这个类没用 observable 成员，当数据库中的数据变化时，它无法用来更新 UI 界面。我们需要一个可以实现此目的的包含 observable 成员的类。代码清单 10.5 中的 ObservableDevice 就是这样一个类。因为这个类只在 DeviceDetailActivity 中用，所以这个类定义成内部类。

代码清单 10.5 ObservableDevice 的实现

```
public static class ObservableDevice extends BaseObservable {
    private String model;
    private String nickname;

    @Bindable
    public String getModel() {
        return model;
    }

    public void setModel(String model) {
        this.model = model;
        notifyPropertyChanged(BR.model);
    }

    @Bindable
    public String getNickname() {
        return nickname;
    }

    public void setNickname(String nickname) {
        this.nickname = nickname;
        notifyPropertyChanged(BR.nickname);
    }
}
```

为了使得数据变化时 UI 界面也会更新，ObservableDevice 继承了 BaseObservable，并在其状态的 set 方法中调用 notifyPropertyChange()。同时，对于数据发生变化后要在 UI 界面上进行更新的字段，都加上了 @Bindable 注解。

请注意传入到 notifyPropertyChanged(BR.nickname) 的参数，它是一个公开的常量，代表数据发生变化的属性。BR 这个类和 R 这个类有些相似，它们都由 Android 的构建工具链自动生成，用来标识资源。它们都属于 App 所在的 package，如代码清单 10.6 所示。

代码清单 10.6　导入 BR 和 R

```
import me.adamstroud.devicedatabase.BR;
import me.adamstroud.devicedatabase.R;
```

BR 类可以看成是 Data Binding 版本的 R。

处理数据变化

有了这个 ObservableDevice 后，完成一个数据变化后 UI 界面也会跟随变化的 Data Binding ，实现只剩最后一步：使用 ObservableDevice 替代 Device。进行更新所需的更改如代码清单 10.7 所示。

代码清单 10.7　修改 xml，使用 ObservableDevice

```
<layout xmlns:android="schemas.android.com/apk/res/android"
        xmlns:tools="schemas.android.com/tools">
    <data>
        <variable
            name="device"
            type="me.adamstroud.devicedatabase.device.DeviceDetailActivity
➥.ObservableDevice" />
    </data>

    <android.support.design.widget.CoordinatorLayout
        android:id="@+id/coordinator_layout"
        android:layout_width="match_parent"
        android:layout_height="match_parent"
        android:fitsSystemWindows="true"
        tools:context=".device.DeviceDetailActivity"
        tools:ignore="MergeRootFrame">
```

```
    <LinearLayout
        android:layout_width="match_parent"
        android:layout_height="match_parent"
        android:orientation="vertical">

        <include layout="@layout/appbar" />

        <TextView
            android:layout_width="wrap_content"
            android:layout_height="wrap_content"
            android:text="@{@string/model(device.model),
➥default=model}" />

        <TextView
            android:layout_width="wrap_content"
            android:layout_height="wrap_content"
            android:text="@{@string/nickname(device.nickname),
➥default=nickname}" />

        <TextView
            android:layout_width="wrap_content"
            android:layout_height="wrap_content"
            android:text="@{@string/memory_in_mb(device.memoryInMb),
➥default=memoryInMb}" />

        <TextView
            android:layout_width="wrap_content"
            android:layout_height="wrap_content"
            android:text="@{@string/display_in_inches(device.displaySizeInInches),
➥default=displaySizeInInches}" />
    </LinearLayout>
  </android.support.design.widget.CoordinatorLayout>
</layout>
```

继承 BaseObservable 类可实现 UI 和数据的同步变化，但在前面的实现中，ObservableDevice 包含了大量重复代码。一个可实现同样功能，但代码又相对比较紧凑的解决方案是让每个成员变量是 observable，而不是整个类。Data Binding 库中有相关的类，可使得每个成员变量是 observable，只要成员变量是以下类型中的某一个即可。

- ObservableField

- ObservableBoolean
- ObservableByte
- ObservableChar
- ObservableShort
- ObservableInt
- ObservableLong
- ObservableFloat
- ObservableDouble
- ObservableParcelable

DeviceDetailActivity 需要更新 UI 界面的都是 String 数据，ObservableDevice 需要两个 ObservableDevice 类型的成员变量。代码清单 10.8 展示了 ObservableDevice 实现的一些改动。

代码清单 10.8　使用 ObservableField 后的 ObservableDevice

```
public static class ObservableDevice {
    public final ObservableField<String> nickname =
        new ObservableField<>();
    public final ObservableField<String> model =
        new ObservableField<>();
    public final ObservableFloat memoryInMb =
        new ObservableFloat();
    public final ObservableFloat displaySizeInInches =
        new ObservableFloat();
}
```

使用了 ObservableField 后，代码变得相当简单。不用再用 @Binding 注解了，数据变化要更新 UI 时也不用调用 notifyPropertyChange()。

改用 ObservableField 后，最后要改动的一点代码是 onLoadFinished() 的实现。需要在这里设置那些 ObservableField 成员变量的值，如代码清单 10.9 所示。

代码清单 10.9　设置 ObservableField 的值

```
public void onLoadFinished(Loader<Cursor> loader, Cursor data) {
```

```
    if (data != null && data.moveToFirst()) {
        ObservableDevice observableDevice = binding.getDevice();

        observableDevice.model.set(data.getString(data
                .getColumnIndexOrThrow(DevicesContract.Device.MODEL)));

        observableDevice.nickname.set(data.getString(data
                .getColumnIndexOrThrow(DevicesContract.Device.NICKNAME)));
    }
}
```

在 `onLoadFinished()` 中，调用各个 `ObservableField.set()` 方法来更新值而不是直接设置 `ObservableDevice` 的值。`ObservableField.set()` 方法会处理 UI 更新的所有细节。除了将 Java 对象自动和 UI 绑定，Data Binding 在很多 App 中大量使用以减少重复代码。

使用 Data Binding 来去除重复代码

为了访问一个 view，Activity / Fragment 需要先通过 `findViewById()` 的方式在它所在的具有层级结构的 view 中找到它。`findViewById()` 遍历整个 view 的层级，直到找到一个 ID 匹配的 view 为止。因为需要遍历整个 view 的层级，所以对于一个层级很深的复杂的 view 来说，这样的操作非常耗时昂贵。另外，每个 `findViewById()` 操作都会执行同样的操作，这些昂贵的操作并没有针对连续调用做优化。如果一个 Activity 要更新一个 view，需要 10 次 `findViewById()` 的操作，那么就需要 10 次的查找遍历。去除这种因重复多余的调用而导致的性能问题，是在 `ListView` 中使用 `ViewHolder` 的最初始的动机。

Data Binding 可将 `findViewById()` 的多次调用移除来解决这个问题。在获取多个 view 的引用的时候，Data Binding 不仅移除多余的重复代码，还减少了多次的 view 层级的遍历，加快了速度。因为 Data Binding 在编译期生成代码，所以生成的查找 view 的代码可使得对于所有需要的 view，只需一次遍历。

只要在布局文件中给 view 设定一个 ID，在 Data Binding 对象中就可找到这个 view 的引用。所有赋予 ID 的 view，都可通过 Data Binding 对象进行访问。

为了展示这个特性，我们将代码清单 10.2 中的布局中的加上一个 TextView 并给这个 view 加上一个 ID，如下所示。

代码清单 10.10 加上一个 View，并给定 ID

```
<layout xmlns:android="schemas.android.com/apk/res/android"
    xmlns:tools="schemas.android.com/tools">
    <data>
        <variable name="device"
                type="me.adamstroud.devicedatabase.device.DeviceDetailActivity
➥.observableDevice"/>
    </data>
    <android.support.design.widget.CoordinatorLayout
        android:id="@+id/coordinator_layout"
        android:layout_width="match_parent"
        android:layout_height="match_parent"
        android:fitsSystemWindows="true"
        tools:context=".device.DeviceDetailActivity"
        tools:ignore="MergeRootFrame">
        <LinearLayout
            android:layout_width="match_parent"
            android:layout_height="match_parent"
            android:orientation="vertical">
            <include layout="@layout/appbar" />

            <TextView
                android:layout_width="wrap_content"
                android:layout_height="wrap_content"
                android:text="@{@string/model(device.model),
                    default=
➥model}" />

            <TextView
                android:layout_width="wrap_content"
                android:layout_height="wrap_content"
                android:text="@{@string/nickname(device.nickname),
                    default=
➥nickname}" />

            <TextView
                android:layout_width="wrap_content"
                android:layout_height="wrap_content"
                android:text="@{@string/memory_in_mb(device.memoryInMb),
➥default=memoryInMb}" />
```

```
        <TextView
            android:layout_width="wrap_content"
            android:layout_height="wrap_content"
            android:text="@{@string/display_in_inches(device.display
➥SizeInInches), default=displaySizeInInches}" />

        <TextView
            android:id="@+id/id"
            android:layout_width="wrap_content"
            android:layout_height="wrap_content" />
    </LinearLayout>
  </android.support.design.widget.CoordinatorLayout>
</layout>
```

加入的 TextView 设定了 ID 后，它就可通过 DataBindingUtil.setContentView() 返回的 binding 对象直接进行访问。DeviceDetailActivity 中唯一的变化就是在 onLoadFinished() 中获取这个 view，进行数据更新。这个 TextView 正好用来显示 Device 的 ID，如代码清单 10.11 所示。

代码清单 10.11 数据更新

```
@Override
public void onLoadFinished(Loader<Cursor> loader, Cursor data) {
    if (data != null && data.moveToFirst()) {
        ObservableDevice observableDevice = binding.getDevice();

        observableDevice
                .model
                .set(data.getString(data
                .getColumnIndexOrThrow(DevicesContract.Device.MODEL)));

        observableDevice.nickname.set(data.getString(data
                .getColumnIndexOrThrow(DevicesContract.Device.NICKNAME)));

        observableDevice.memoryInMb.set(data.getFloat(data
                .getColumnIndexOrThrow(DevicesContract.Device.MEMORY_MB)));

        observableDevice.displaySizeInInches.set(data.getFloat(data
                .getColumnIndexOrThrow(DevicesContract.Device
                        .DISPLAY_SIZE_INCHES)));

        binding.id.setText(getString(R.string.id, data.getLong(data
```

```
                .getColumnIndex(DevicesContract.Device._ID)));
    }
}
```

从代码清单 10.2 中我们知道，DeviceDetailActivity 的这个 Data Binding 成员变量的数据类型是 ActivityDeviceDetailBinding。新加入的 TextView 赋有 ID，不用通过 findViewById() 也可获取到这个 TextView 的引用。因为 Data Binding 的代码生成发生在编译时，ID 所指向的 view 的类型也是已知的，在使用 id 时，也不必再进行类型转换。Data Binding 类库生成了一个成员变量含有 TextView 的绑定类。

除了将数据和 view 进行绑定，Data Binding 类库还有一个表达式语言。使用这个语言可在布局文件中操作 view。下面的章节将介绍这个表达式。

Data Binding 的表达式语言

使用 Data Binding 表达式可在 XML 布局文件中直接操作 view。在代码清单 10.2 中，我们在布局文件中展示了 device 的 model 和 nickname 这两个字段；我们把其中用到表达式的部分，放到了代码清单 10.12 中，如下所示。

代码清单 10.12 使用 Data Binding 表达式

```
<TextView
    android:layout_width="wrap_content"
    android:layout_height="wrap_content"
    android:text="@{@string/model(device.model),default=model}" />

<TextView
    android:layout_width="wrap_content"
    android:layout_height="wrap_content"
    android:text="@{@string/nickname(device.nickname),
    default=nickname}" />
```

在代码清单 10.12 中，引用了在布局文件 data 节点中声明的 device 变量的 model 和 nickname 字段。关键字 default 所指定的内容会在 Android Studio 预览内容时显示，这对于在设计时期显示那些只有在运行时才会有的数值很有帮助。

在代码清单 10.12 中，除了使用了 device 对象的数据外，还使用了 string 资源。如果你的 App 中的 string 资源要格式化，或本地化 / 国际化，这将非常有用。

表达式的使用相当简单，除了给 view 赋值之外，这些表达式运算符还使得布局文件更具动态性。这些表达式运算符和 Java 的运算符几乎一样，目前支持如下：

- 数学运算符
- 字符串操作
- 一元运算符
- 二元运算符
- 三元运算符
- instanceof
- 移位运算符
- 逻辑运算符

除了这些，Data Binding 运算符还可进行数组访问、访问对象成员、方法调用，以及类型转换。

在熟悉和 Java 运算符的基础上，表达式还加入了空合并运算符，用 ?? 来表示。这是非空判断的三元运算符的一个便捷表示，如代码清单 10.13 所示。

代码清单 10.13 空合并运算符

```
<TextView
    android:layout_width="wrap_content"
    android:layout_height="wrap_content"
    android:text="@{object.left ?? object.right}" />
```

在 代码清单 10.13 中，如果 `object.left` 非空，空运算符将取 `object.left` 的值，否则取 `object.right` 的值，等效如下。

```
<TextView
    android:layout_width="wrap_content"
    android:layout_height="wrap_content"
    android:text="@{object.left == null? object.right : object.left}" />
```

在使用 Data Binding 表达式时，我们应该时刻谨记，虽然它支持复杂的表达式，但这并不说明我们就应该多用这些复杂的表达式。一个好的经验法则是：不使用任何比三元表达式更复杂的表达式。对于复杂的 view，Java 也许是一个更好的选择，尤其是当 Data Binding 已经将

调用 `findViewById()` 的开销移除时。

总结

Data Binding 类库是 Android 项目一个强力的支持。它在编译时期生成代码，减少样板代码的同时，提升性能。它是 Android 工具包中的一个重要成员。

反侵权盗版声明

电子工业出版社依法对本作品享有专有出版权。任何未经权利人书面许可，复制、销售或通过信息网络传播本作品的行为；歪曲、篡改、剽窃本作品的行为，均违反《中华人民共和国著作权法》，其行为人应承担相应的民事责任和行政责任，构成犯罪的，将被依法追究刑事责任。

为了维护市场秩序，保护权利人的合法权益，我社将依法查处和打击侵权盗版的单位和个人。欢迎社会各界人士积极举报侵权盗版行为，本社将奖励举报有功人员，并保证举报人的信息不被泄露。

举报电话：(010)88254396；(010)88258888

传　　真：(010)88254397

E-mail：dbqq@phei.com.cn

通信地址：北京市万寿路173信箱　电子工业出版社总编办公室

邮　　编：100036